陕北窑洞建筑及其装饰中的匠作彩画研究

李玉龙◎著

中国原子能出版社

图书在版编目（CIP）数据

陕北窑洞建筑及其装饰中的匠作彩画研究 / 李玉龙著. -- 北京 : 中国原子能出版社, 2018.12（2021.9重印）
ISBN 978-7-5022-9589-9

Ⅰ. ①陕… Ⅱ. ①李… Ⅲ. ①窑洞－民居－建筑装饰－研究－陕北地区 Ⅳ. ①TU241.5

中国版本图书馆CIP数据核字（2018）第290071号

陕北窑洞建筑及其装饰中的匠作彩画研究

出版发行 中国原子能出版社（北京市海淀区阜成路43号 100048）
责任编辑 胡晓彤
责任印刷 潘玉玲
印　　刷 三河市明华印务有限公司
经　　销 全国新华书店
开　　本 787毫米 × 1092毫米 1/16
印　　张 12.5
字　　数 210千字
版　　次 2018年12月第1版
印　　次 2021年9月第2次印刷
标准书号 ISBN 978-7-5022-9589-9
定　　价 58.00元

网址：http//www.aep.com.cn　　E-mail:atomep123@126.com
发行电话：010-68452845

前言
PREFACE

窑洞是黄土高原上具有标志性的建筑之一，沉积了古老的黄土文化，创造了独特的窑洞艺术，是陕北劳动人民的象征。然而，随着现代城市建筑的发展和陕北地质洪涝灾害对古老窑洞的破坏，窑洞的发展形势变得十分严峻。

窑洞作为黄土高原上的主要居住形式，已经有千年的历史，是我国建筑史上的伟大成就之一，在民居研究方面具有重要的历史与文化研究价值。由于不同地区的自然环境、人文社会环境不同，窑洞民居存在地域差异性。

民居建筑装饰艺术是最普遍、最活跃的一种艺术形式。陕北的窑洞民居具有黄土高原文化和农耕文化的特征，是广大劳动人民在长期的生产生活过程中逐渐形成的，既源远流长，又具有浓厚的民间色彩和生活文化底蕴。笔者尝试着从文化内涵的视角出发，对陕北窑洞民居建筑装饰的存在形式、艺术风格、民俗文化等方面进行具体分析，阐述了陕北窑洞民居建筑装饰所体现出来的艺术形式、艺术审美及人们的文化心理，试图让人们认识到这种建筑装饰的文化价值，唤起人们对陕北窑洞民居建筑装饰的关注和保护，激发陕北文化活力，更好地发挥文化资源优势，打造陕北文化品牌，繁荣地域经济。

随着当地城市化进程的发展，陕北的传统建筑面临大规模的拆除和破坏，传统的匠作彩画也逐渐地从我们的视野中消失。因此，陕北民间匠作彩画是陕北农村城市化进程中亟待保护的非物质文化遗产。笔者选取了陕北这个最具地方特色的典型区域，并以明清时期为重点，从地域性和历史性两方面对陕北民间匠作彩画进行了系统性的整理和分析，并提出相应的保护策略。陕北民间匠作彩画不应仅被视为一种单纯的民间美术或地域性匠作技艺来加以保护，而应该站在国家级文化遗产保护的高度，将之与相关传统建筑结合起来，才能使之得到更好的研究、传承与保护。

本书在撰写的过程中，吸收了部分专家、学者的一些研究成果和著述内容，笔者在此表示衷心的感谢。由于笔者水平有限，书中难免会有缺点和错误，恳请广大读者批评指正！

目录
CONTENTS

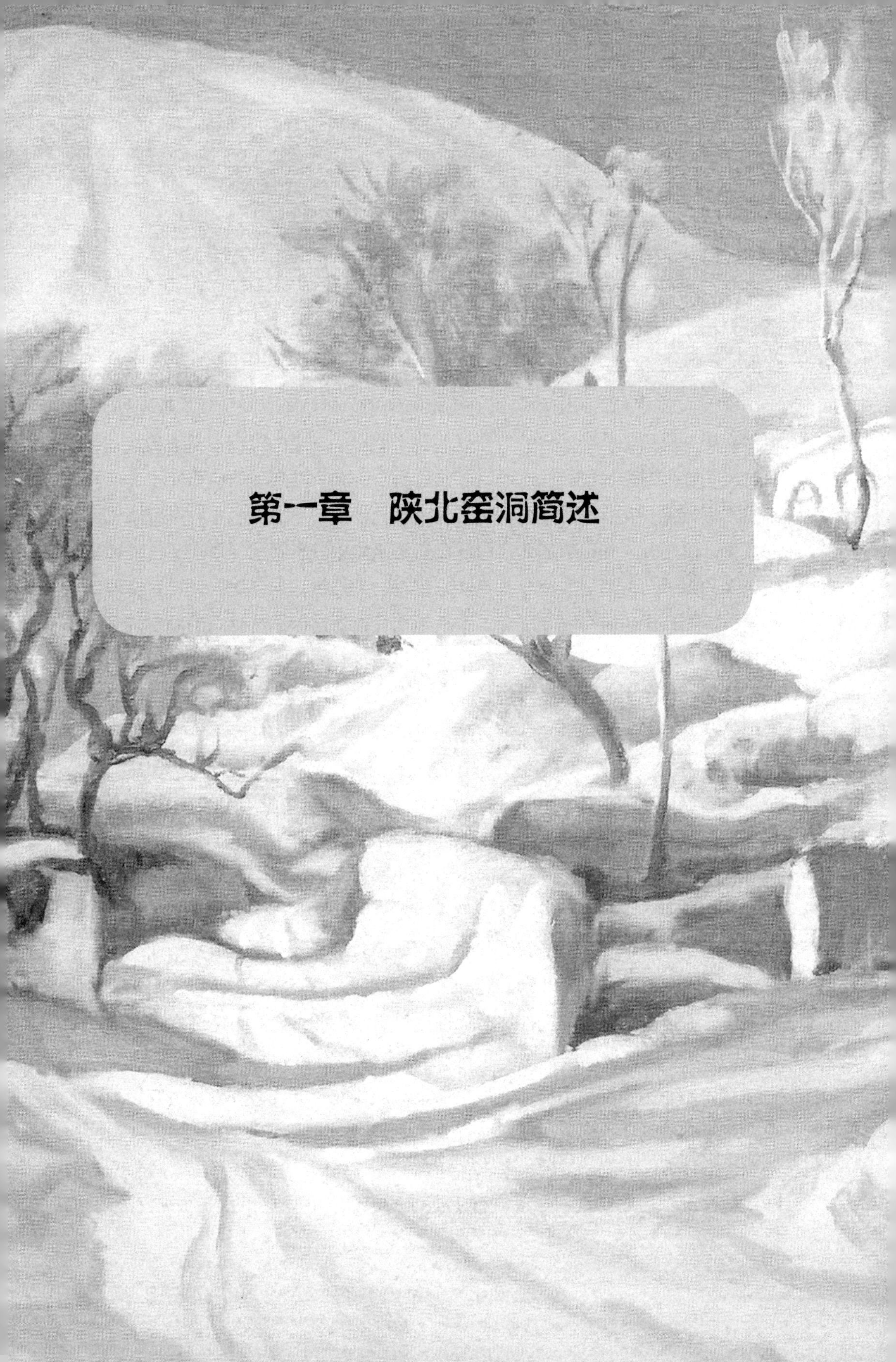

第一章　陕北窑洞简述

第一节　陕北窑洞的发展现状

窑洞对陕北人民的生活起到了重要的作用，但是随着经济技术的不断发展，城市高楼大厦如雨后春笋般屹立在这片黄土地上，古老的窑洞不断地被取代，陕北民族文化也不断被侵蚀。此外，陕北地质情况和自然环境的变化使得黄土高原洪涝灾害频发，灾后窑洞变得岌岌可危，甚至倒塌，给人们生命财产带来了严重的危害，对此有人提出将陕北窑洞居民迁移至集中安置楼房，故陕北窑洞面临着被遗弃的困境，窑洞的安全令人担忧，窑洞的发展更让人堪忧。通过对窑洞的全面调研，用现代建筑专业知识深入审视窑洞，挖掘这种独特结构的固有优势，同时揭示本身存在的不足之处，进一步剖析窑洞存在安全隐患的内在原因，用现代建筑施工技术来补救目前窑洞的结构问题。让窑洞在在为陕北人民提供安全舒适的居住环境的前提下保持最初容颜，让窑洞在建筑业不断发展的过程中永驻于世。

笔者调查陕北民居——窑洞，选择榆林市米脂县杨家沟窑洞作为调查对象。杨家沟是位于榆林市米脂县城东南侧的一个小镇，是以清同治年间的地主窑洞庄园为特色，记载了早期陕北地区的历史文化。毛泽东、周恩来等率领中共中央机关和解放军总部来到杨家沟，召开了著名的“十二月会议”，杨家沟为历史做出了重要贡献，后来成立了杨家沟革命纪念馆并对外开放。纪念馆是早期一个地主之子将西方建筑风格与陕北窑洞巧妙融为一体的结晶，打破了传统窑洞单一的结构布局，为窑洞发展的美观性和时代性提供启示。此外，对当地民居窑洞的现状做调查分析，对窑洞的结构参数和施工工艺调研，分析研究窑洞的优劣势。

调研对象为不同年龄段的人群，通过对居民对窑洞的喜好分析可知，老年人更喜欢窑洞冬暖夏凉的舒适性，而青少年对窑洞的喜爱程度较低，主要认为窑洞的卫生条件差，不能满足现代需求。随机调查过程中，对各农户家庭居住的窑洞和革命窑洞旧居的已使用年限进行了详细的记录。共调查了 64 户居住石窑洞的

居民和19户居住砖窑洞的居民，由调查结果可知，杨家沟居民窑洞主要以石窑洞为主，这与该地区盛产石材有关。与砖窑洞相比，石窑洞的使用年限更长、耐久性更好。部分石窑洞可以使用一百多年，而砖窑使用年限不会超过百年。同时，窑洞主要建造期为20世纪50年代到80年代，最近十多年窑洞的建造数量明显减少。

窑洞的普遍病害是结构裂缝和室内装饰层剥落，笔者对调研的262孔窑洞按照窑洞材料和裂缝分布走向进行分析，根据对比分析出现病害的石窑洞和砖窑洞各占其总数的比例情况可知，石窑洞和砖窑洞产生的裂缝主要以横向裂缝为主，局部竖向裂缝比较少。究其原因，横向裂缝主要是窑洞基础产生不均匀沉降，而局部竖向裂缝主要是窑洞局部部位压重过大导致。裂缝是现有窑洞的通病，其中砖窑洞出现裂缝的比例高于石窑洞，由此可以得出，石窑的整体性和耐久性比砖窑洞好。影响陕北地区窑洞出现裂缝等病害的主要原因是地基的不均匀沉降，与黄土湿陷这一性质有关。

通过陕北地区窑洞结构特点以及水文地质等方面的分析研究，我们得出窑洞本身具有众多为人们所钟爱的优点。首先，黄土具有良好的隔热和蓄热功能。窑洞进深大，其他各面包裹在厚厚的土层中，厚实土层的隔热作用使窑洞内的温度变化受外界温度影响小，所以窑洞具有冬暖夏凉的独特优点。其次，窑洞上半部分圆弧形拱在受力上存在拱效应使得窑洞两侧存在大小相等、方向相反的水平推力，由于力的平衡效应，拱间所受推力相互抵消，受力性能好，使得窑洞更加稳定。再次，窑洞造价低、轻污染、因地制宜，并且节约资源、使用年限长。大部分窑洞都依山而建，减少占用黄土高原上原本就稀少的耕地。窑洞内冬暖夏凉，节能减排。但是，因其建筑材料、施工工艺及环境条件等方面因素，窑洞在使用过程中暴露出许多缺点。一方面，窑洞地处黄土高原，灾害事故频发。窑洞一般是靠山而建，坐落在黄土地上，建造时地基处理欠妥且黄土受雨水影响大，而且窑洞多为尺寸较小的块体材料砌筑，抗拉强度低，整体性和抗震性较差，导致雨季灾害频繁，出现土体滑坡坍塌现象。另一方面，窑洞整体排水系统不良。一般民居在建造时没有设置合理的导排水系统，导致地基不均匀沉降和窑顶渗水加重。此外，窑内光线太暗、通风不好、不能营造宽敞的空间。窑洞只能通过开口面采光，所以光线来源有限。窑洞侧方和后壁无法开窗，空气流通不畅，同时由于窑洞本身材料和受力形式，其开间宽度较小。这些都有待进一步研究扩展。

窑洞最普遍的病害是窑洞出现不同程度的裂缝和窑顶渗水。裂缝多数是结构受力裂缝，其分布形态与窑洞的受力状态是息息相关的，按照其走向将裂缝分为平行于窑面的横向裂缝和局部竖向裂缝。横向裂缝主要是雨水影响导致黄土地基不均匀沉降引起的。窑洞多数是黄土地基，基础埋深较浅，且整体性较差，在构造上重檐头轻散水的做法导致窑洞在雨季时黄土湿陷产生基础的不均匀沉降。局部竖向裂缝主要产生在挑檐等局部受力较大的部位，窑洞顶部覆土过厚，其在雨季时自重增加量过大，加之窑洞材料的强度低，整体性差、从而导致裂缝出现。

窑洞渗水主要由于窑洞建造时顶部缺少隔水层和导、排水系统的设置，窑洞顶部覆土较深，所覆盖的黄土层渗透性大，石块和砖块的隔水性能差。土层压实度较低，雨水沿黄土缝隙和砌筑缝渗入窑洞，导致窑洞内装饰层受污染甚至剥落，直接影响窑洞的美观性和居住安全。本次调研的主要目的就是对陕北民居窑洞存在状态进行了解，为当地居民普及有关窑洞安全使用的相关知识，掌握民居窑洞的发展现状和面临的困境，特别是近年来陕北地区洪涝灾害的频发、农村经济的发展，使得窑洞面临着被遗弃的局面。窑洞冬暖夏凉的独特优点是人们喜欢窑洞的主要原因，高温天气下，窑洞成为人们的最佳避暑地。但是窑洞多数为村民自己施工，缺乏专业人士的系统设计，窑洞建造仍遵循传统的方式，与现代建筑技术、建筑艺术结合度不够，不能做到与时俱进，应该用现代技术克服窑洞存在的不足。

通过阅读相关文献资料，掌握目前窑洞的发展现状，对窑洞的未来发展做出以下几点建议。首先，应合理、系统地规划窑洞建筑群。用相对集中的生活居住区域代替传统的较为零散的窑洞建筑布局，将总体的供、排系统集中于一个体系，并将室外环境及配套设施统一纳入总体规划之中。这样既可有效地利用土地资源、降低建设成本，又可为新型窑洞建筑总体功能的升级创造条件。其次，在建筑设计方面，将窑内使用空间和功能区进一步扩展，使传统窑洞与其他建筑风格、现代技术相结合，创造出别具风格的现代化窑洞。这样既能满足人们对现代化生活水平的追求，又能促进传统窑洞的发展。最后，窑洞发展离不开政府部门的支持。政府应加强窑洞周围生态环境的治理，同时促进窑洞的发展，不仅保护维修革命旧居，更要保护延续老百姓的民居。

第二节　陕北窑洞的建造工艺和特征

笔者通过大量地实地调查和查阅相关文献，结合革命圣地延安地区的现有窑洞，简要介绍了陕北窑洞的历史发展，全面概述了民间窑洞的建造工艺，然后在窑洞现状的基础上，进一步提出了窑洞的发展趋势。

“没有建筑师的建筑”是世界建筑学对陕北窑洞的赞誉，因其冬暖夏凉、防火、防噪音的特性，宜于掘穴而居的天然条件，加上不占或少占耕地，不破坏自然环境，很少污染，造价低等优势，一直为黄土高原人最佳的居住选择，未来也一定会被生态建筑学所关注。为此调查搜集整理有关窑洞的民俗文化，让更多的人了解西部，感受黄土高原人独特的居住特色，无疑是一件有意义的事情。

一、陕北窑洞的历史发展和未来意义

窑洞建筑在黄土高原历史悠久。最早的窑洞萌芽于母系氏族公社时期，形成于公元前16世纪前后的商代。上古人类居住的原始洞穴，能够抵御风寒雨雪，保护群落人们不受野兽毒虫侵害，防洪、防湿、防潮是其初衷。到了旧石器时代晚期，人的生产力已经达到利用大型的尖状石器挖掘黄土洞穴的水平，于是产生了人工穴居。到母系氏族公社时期的时候，土穴窑洞式建筑居住形式出现在黄河中游、晋陕峡谷两岸的黄土高原上，成为日常生活及活动的中心，为婚姻、子孙繁衍、家畜驯养、作物种植、财务贮藏和分配等提供了条件。到了21世纪的今天，由于现代工业的发展和西部大开发战略的实施，新的准现代房屋与日俱增。从历史纵深着眼，恰恰说明窑洞辉煌的过去及其在人类居住文化上的历史贡献和科学性，再着眼于未来，鉴于生态环境破坏和污染等现代文明病的弊端，基于生态文明的社会层面的展望，窑洞依然有其新的生命力，这一可持续发展的人居环境也一定会有更加辉煌的未来。

二、陕北窑洞的民间建造工艺

窑洞，自原始先民们掘穴为居始，迄于今，均由工匠在营造实践中传承，无论从民间科技、建造技艺上讲，或者从装饰艺术上讲，都明显地体现了中下层文化和民间造型艺术的理想。现就来谈谈中国革命圣地延安地区窑洞的民间建造工艺。根据所用材料的不同，陕北窑洞大体可以分为土窑、砖窑、石窑三种。

土窑是以黄土作为基本材料，在黄土坡建造；砖窑是用黏土砖砌筑而成；石窑是将人工采用撬凿法和爆破法开采出来的石块加工后砌筑而成。

（一）土窑的施工

土窑一般选在山坡上，其土质必须是老黄土或黏性土，大体的施工方法如下：

1. 尺寸的选择

窑腿的宽度 a=0.70 ~ 0.85 米，b=1.00 ~ 1.50 米；窑口宽度 c=2.85 ~ 3.33 米；窑口（抬头）高度 H=3.33 ~ 3.67 米；檐口高度 h=0.80 ~ 1.20 米；窑深一般取 3.33 米左右。具体尺寸的选择与土质的好坏有关，土质越硬尺寸越大，反之尺寸越小。

2. 放线

按照所选尺寸先放出平装部分，然后再确定弧形部分的施工线。

3. 掏窑

沿放好的施工线从外向内，依次将土掏出，至所选深度处即得一个土窑。为了提高其耐久性，常用直径为 70 ~ 100 毫米的椽条在弧形部分沿深度固定在窑顶上，即楗窑。最后用麦草黄泥或石灰砂浆抹面，等干燥后即可使用。

（二）石窑的施工

石窑是用石头、黄土、石灰、水泥、水等材料建造的，它的选址较土窑宽松，但应考虑地基土的情况，以保证足够的承载力。此类窑洞一般建在切平后的黄土坡面或川道，也可孤立地建在较平坦的地区或川道中，内部为窑洞，外部似平房，称为“内窑外房”，居住时间可达 60 ~ 80 年。

1. 放平装线（即方地形）

方地形要求在水平和竖直方向所有的角必须是直角，以保证掏出的马巷呈矩形。其中 $a \leqq 1$ 米（常取 0.67 米或 0.73 米），窑口宽度 c=3.50 米，窑口（抬头）高度 H=3.90 米或 3.83 米，窑深 d=4.00 米或 4.33 米。

2. 掏马巷

在方好的地形上，按照图纸放出施工线后，挖出图中画斜线部分的土。

3. 垒平装

对于地基土较硬的（如老黏土，老黄土，岩石层等），马巷掏好后即可开始垒平装；对于地基土较软的，还需做好基础（常用灰土夯实或毛石砌筑），才能开始垒平装。垒平装时，先砌马头石，要求马头石的宽度等于窑腿的宽度（即整块）；然后在每层砌一块杆石、一块桡石，桡石与杆石的宽度之比一般为0.27/0.46或者0.23/0.44，即粗略地向黄金分割靠拢，层层错缝搭接，砌至平装高度。

4. 揉旋（放弧线）

平装垒到设计高度后，就要在掏马巷时留下的土堆的正立面放出弧线，然后再根据弧线在土堆上将其修圆，即揉旋。

5. 合口、压顶、垫背

揉旋完成后，就可以在弧拱口上砌口石，具体数据根据材料、拱高、跨度决定。口石砌完（即合龙口）后，就可以开始砌平装部分留下的压口石了，上下层要求错缝。砌口石的同时，在弧拱背上用粗料石过顶，过顶后利用上宽下窄的灰缝咬接，形成拱形结构即压顶。最后就是在窑背上回填3～5米厚的黄土夯实，即垫背。

（三）砖窑的施工

砖窑的施工工艺与石窑类似，只是砌筑材料为黏土砖，砌筑要求错缝搭接，灰缝均匀、饱满、平直。不难看出，各种窑洞的高度、跨度和入深都有一定的规程。

民间规程是“宽多少就高多少，入深加倍”，这是出于牢固和光线两方面的考虑。通过这些数据，我们可以对延安地区窑洞的几何尺寸大致做到心中有数。

三、陕北窑洞的生存价值和现居情况

窑洞是人们为适应环境和生存所进行的一种创举。深达一二百米、极难渗水、直立性很强的黄土，为窑洞提供了很好的发展前提。同时，气候干燥少雨、冬季寒冷、木材较少等自然状况，也为冬暖夏凉、十分经济、不需木材的窑洞，创造了发展和延续的契机。再者，窑洞施工简便，节省耕地，不破坏自然风貌，维护生态平衡，具有环境价值，可谓生态建筑。但改革开放以来，伴随着飞速发展的现代化建设，我国各地城市化进程不断加快，昔日陕北地区的传统特色窑洞民居，正逐渐被千篇一律的“新”式、公寓式住宅替代，传统的窑洞面临着严峻的考验。这些“新”的建筑形式和建筑材料大多相互模仿，几乎完全失去了当地传统建筑的特色。据统计，目前大约只有4000万的人居住在各种类型的窑洞当中，其中黄土窑洞的居住现状主要有以下4种情况：

一是经济还不富裕的农村居民。二是生活习惯不容易改变的老年人，他们认为窑洞住着更舒适。三是有些人用窑洞储藏粮食，杂物以及养殖牲畜；有些人会在夏天酷暑难耐，冬天气温很低的时候回到窑洞小住。四是窑洞宾馆。窑洞这种独具特色的民居形式吸引了很多艺术家和游客的眼球，于是当地人把具有地方特色的窑洞整理一番，以供艺术写生和游客观光住宿。

当然，传统窑洞逐渐被弃置与其自身的局限性有关。根据窑洞的主要建造材料黄土的物理特性，当含水量小于10%时，黄土具有较高的强度；当含水量大于20%时，土体黏聚力及抗拉强度明显下降。连阴雨使窑洞土体内水分深层渗入，不仅增加了土体的自重，而且劣化了湿润层土的力学强度，易导致窑洞坍塌。根据调查发现，一般窑口最先出现裂缝，而窑洞的抗震性能也是其致命缺陷。在这样的大背景下，窑洞这种地域特色明显的传统民居应该如何改进、如何发展，才能与当今的生活观念、生产方式和生活习惯相适应，是一个值得研究的新课题。

窑洞作为民间工匠工艺智慧结晶，具有不可替代的作用。同时，现在掩土建筑作为一种人类回归自然的新的建筑形式得到了广泛的认可。我们有义务和责任把先辈留下来的建筑艺术和施工工艺继承并改造发扬，让更多的人了解华夏文化，领略黄土高原独特的风情。期待有更多的人士关注陕北，为窑洞的加固及未来的发展出谋划策。

第三节　陕北地区窑洞的文化研究

据考古发现，陕北地区在距今3万年左右便已经有晚期智人“黄龙人”居住，因此这里一直被看作是我们中华民族的重要发祥地，孕育了最原始最纯正的华夏文化。同时，延安又是我国最重要的革命根据地，曾经一度作为我国抗日战争、解放战争的总后方，指挥和推动着我国革命的历史进程。可以说，在延安这一片黄土地上，承载着太多的历史文化印记。谈到陕北的历史与文化，就不能忽视窑洞文化。窑洞文化经过上千年的发展，已经成为一种极具文化特色的居住形态，散发着原始、朴实、淳厚、热情的黄土文化气息，是我国传统文化的典型代表。笔者主要从格局、构造、建筑装饰、民间艺术等方面，对陕北的窑洞文化特色进行了研究，以期加深我们对延安窑洞文化的客观认识，促进延安窑洞文化的传承与发展。

延安位于陕西北部，在这一地区存在一种原生态的居住形态与建筑形式——“窑洞”。窑洞是黄土文化与华夏文化的一个重要组成部分，极具文化特色。到今天为止，延安仍然有大量窑洞存在。对窑洞文化进行研究，有助于我们进一步了解自身的传统文化。

陕北窑洞文化在新时代的发展下要力求创新，紧跟时代步伐，才能保持旺盛的生机。起初我们的祖先修建窑洞仅仅是为了御寒避暑，但经过漫长的生息繁衍，窑洞不再作为单一的居住形态而存在，而被赋予了太多的文化内涵，它散发出来的朴实、善良、热情是这片厚土的真实写照。除此之外，构成窑洞文化的另一重要方面是陕北民间文化。陕北民间文化以丰富的物质资源和深厚的群众基础为支撑，在以窑洞为主导的构架下衍生出种类繁多、风格各异的民间文化。

一、陕北窑洞文化研究的背景

（一）地理与地貌

陕北地区包括陕西省的榆林市和延安市，南面是黄土高原，北面是毛乌素沙漠，西北高，东南低，属于半干旱气候，陕北地区主要以黄土高原、丘陵沟壑地形为主。陕北黄土高原海拔 800 ~ 1300m，约占全省总面积的 45%，北部为风沙区，南部为丘陵沟壑区。历代战乱、盲目开荒放牧以及乱砍滥伐导致高原植被破坏严重，加之黄土的土质疏松，水土流失极为严重，形成“千沟万壑”，地形支离破碎的特殊自然景观，土石山地是陕北地区最大的特点。经过社会不断发展和建设，陕北生态农业、沙漠绿洲等取得显著成绩，煤、石油、天然气储量相当丰富，但是陕北地区地质灾害频繁发生且种类繁多。

（二）气候条件

放眼望去，整个陕北并不是高山重重，而是由地理环境及自然灾害形成的沟壑。陕北地区自然条件比较恶劣，温差较大，冬天寒冷，降水稀少，气象灾害较多，几乎每年都会出现不同程度的灾害。由于地区生态条件恶劣，植被分布稀疏、简单。北部丘陵沟壑区域为森林草原地带，因过度地滥伐树木导致荒山增多，北部的分布较多为土石山地。

（三）经济文化

陕西文化最重要的一部分就是陕北文化，陕北文化历史条件独特。陕北地区文化悠远深厚，原始文化基础比较完整地保存下来了。走在陕北地区的巷子里就可以嗅到远古时代的气息，尤其是陕北地区舞蹈艺术、陕北民歌、剪纸技术、民间信仰等，天然浑厚，古朴纯净。由于陕北地区地势险要，曾经是不少兵家的必争之地，因此，陕北文化更能凸显出军事文化的色彩。陕北这块浓厚的黄土地上每一个角落都保留着纯净的文化基质，陕北文化属于多元文化，曾经是各个民族相互融合和交流的地方。它既是中华版图上东西方文化的交汇点，也是中原农耕文明与北方草原文明的分界线，更是华夏民族与少数民族相互融合的大舞台。

二、陕北窑洞文化研究现状

任何一种文化的形成都和当地的历史背景，民族演化以及经济发展相联系。陕北地处中国草原游牧文化和中原农耕文化的交汇之地，在中国历史上更是各国相互讨伐征战的战场，是民族相互交流、相互融合的地方。陕北地区充分体现了民族多元化的特点，例如：礼仪、民族服装、民间艺术等方面。陕北是华夏民族的重要发祥地之一也是华夏民族早期生活、发展的主要地区之一。史前文化、边塞文化和近代陕甘宁边区的革命文化都和陕北息息相关。

（一）陕北地区文化、民族风俗

陕北物华天宝、人杰地灵，早在很久以前，这里已有晚期智人“黄龙人”生息。陕北民间艺术是我国历史文化的重要组成部分，主要包括：剪纸艺术、布堆画艺术、民间画艺术、绣花花、面花、石刻等。陕北人民具有相互的审美意识，要想真正懂得民间艺术，必须懂得艺术的内涵和特征。陕北人们主要生活在高原上，恶劣的生活环境造就了人们乐观向上的生活态度，也因此流传了很多陕北民歌、小曲等，其中“信天游”最为出名，逐渐成为陕北人民生活中的一部分。陕北人民无论做什么事情都会利用这些民歌和小曲来表达对生活的美好愿望，例如兰花花、信天游、走西口、拉手手等，他们还根据这些小曲加上自己的想象剪出面花。通过这些我们可以看出陕北人民对艺术的积极和热爱。这些民间艺术不仅仅是传承陕北文化艺术，更是一种美好寄托。

（二）窑洞民俗民风

窑洞是中华民族的重要遗产，是利用黄土建立的穴居式住宅，是中国建筑业的伟大创举，在我国建筑历史发展中占有重要地位。黄土窑洞是历代人民长期生活的场地，是人类探索铸造出来的结晶。“没有建筑师的建筑”是世界建筑学对陕北窑洞的赞誉，一直以来陕北窑洞为高原人的最佳居住选择，主要是因为环境特殊，不过窑洞有冬暖夏凉、防噪音、很少受污染等优点。陕北秧歌，又称之为“闹秧歌”“闹红火”等。窑洞艺术内容丰富多彩，主要内容为劳动生产、繁衍生息、民族风俗三大类，陕北民间艺术代表主要有：剪纸、农民画、石刻石雕等，这些艺术都是陕北人民自己在窑洞内完成，因此被命名为“窑洞艺术”。

三、陕北窑洞文化研究的目的与意义

（一）研究目的

笔者从地域特色的角度对陕北延安地区窑洞建筑特点进行研究，并将理论联系实际，以调研与实践相结合的形式总结延安地区窑洞建筑特色及发展趋势，探索陕北延安地区窑洞的更新与发展。

(1) 陕北延安窑洞地域特征的研究与探索。主要从延安地区窑洞的构成及现状和演变两个方面进行研究，通过对延安窑洞建筑的类型与分布及院落布局、建造技术、内外空间及装饰等特点的调研及整理，分析延安地区土窑洞建筑的特色。

(2) 探求延安地区窑洞建筑切实可行的更新策略。从延安窑洞建筑的现状调研分析入手，通过理论分析、实地考察的方式，对延安地区窑洞建筑的优势及所面临的问题进行深入分析，探求延安地区窑洞的更新策略，包括传统构造延续、良性改造及新技术加入三个部分。

(3) 探索延安地区窑洞建筑可持续发展的模式。从延安地区窑洞建筑的演变发展过程入手，以发展趋势为基础，探索具有陕北地域性特色的窑洞建筑模式，使窑洞建筑在当今陕北延安的城市建设中起到重要作用，既可保证城市的发展又能弘扬民族传统特色。

（二）研究意义

(1) 理论意义。其一，陕北延安作为历史文化与红色文化名城，同时又是历史悠久的居住型城市，对延安地区窑洞特征的地域性以及文化性发展的研究，对当地窑洞建筑的保护与传承具有重要意义，对延安城市历史的建筑保护具有实际意义。其二，延安地区窑洞作为陕北窑洞的典型，具有极高的研究价值，对其地域性研究及更新发展的探索可以完善整个陕北窑洞的价值体系，并为整个中国窑洞研究体系做出实际贡献。

（2）现实意义。其一，对于陕北延安地区窑洞建筑的地域性特色的研究，可以更加完善整个窑洞研究的理论框架，为地域性传统建筑的内部空间及环境改造提供条件，可改善陕北延安地区窑居模式的构造及物理环境，增大窑洞的可利用率，改善陕北地区居民的生活品质，更好地发展与延续地域性建筑的文化和历史价值。其二，对于延安地区窑洞建筑更新发展的研究，探讨了延安地区窑洞的特殊发展模式，为陕北窑洞提供了更好的发展与利用策略，积极挖掘窑洞旅游价值及其周边的第三产业，带动经济发展，为其他窑洞地区及其他地域性民域提供可参考的发展模式。

四、陕北延安地区窑洞建筑的构成

陕北窑洞坐落于黄土高原，属于干旱大陆性气候，气温冷热反差较大，数千年来形成了窑洞住宅的居住特色，具有典型的环保、低碳等特色，与普通的砖混民居相比，具有较强的优越性。窑洞一是可以充分利用山地、坡地等环境，推出一块几十平方米的平地即可建造，大量节约了平展土地资源，有利于社会的可持续性发展；二是可就地取材，建筑材料都是以当地开采的石料、土料为主，节省了大量钢筋水泥，造价经济低廉；三是施工工艺简单，免除了大型设备、机械的作业过程，工艺技术简单，工期较短。

（一）陕北延安地区窑洞的建筑格局

窑洞作为陕北地区人们的主要居住方式，经过千百年来的不断演变及发展，人们已经赋予窑洞太多的内涵，它展示给人的是天地人和谐生存之道、乡土气息之美。窑洞在建造上有多重讲究，俗语有“箍窑盖房，一世最忙”，箍窑是家中一件大事，在传统观念中，窑洞箍得好坏关系到子孙后代的盛衰大事，因此建窑前必先请风水先生看地势、定方位，选择好日子来动土，选择向阳、背风、吃水和交通方便的地方。对于窑洞的平面格局可从内部和院落来分析。

1. 窑洞的内部格局

窑洞的室内空间尺寸约为3.3m宽，8至10m的进深，拱高约为3.3m，空间内部设施有以实用为主的炕、灶及烟道系统，日常生活中可放置炕上桌、餐柜等简易家具，满足日常所需。

2. 灶

在陕北窑洞中，灶是全家生火做饭的必备设施，也是窑中取暖的热量来源。灶是由优质黄土打成泥坯再砌成灶台，这样才结实耐用，用草筋和盐水和与泥中将灶壁抹平整，从而加固灶壁的强度，使其不易开裂。现代窑洞中也多用砖块砌灶，外贴瓷片使整体更为美观，灶台上要支一口大黑锅，用以一日三餐的饮食操作，灶台旁边有鼓风机，是加强火势的重要器械。正是依赖于灶火，才得以让黄土人民生生不息地繁衍。平日里在灶台旁烧火做饭是妇女们的工作，男人顾外所以不必插手。

3. 炕

火炕是最为深刻的陕北记忆，也是代表陕北的鲜明符号。炕是窑洞里必不可少的“家具”，平时待人待客均在炕上完成。民间讲究“炕不离七（妻），门（大门高度）不离八”，意思是炕的长度为五尺七寸，足够一般人的身长所需，“七”与“妻”同音，这足以证明炕在家里的份量。炕的内部为空心，灶台所拔烟气均从炕内通过，再由烟道引出室外，通过热量传递，使炕表暖意洋洋。

（二）窑洞的院落格局

陕北窑洞在平面格局上以并排三孔或五孔基数的排列为多，中间一口为主窑，是迎人待客的主要场所，院落主要由门楼、院墙、庭院构成，院落的形态及面积一般是由地势决定的，以几十平方米多见。

1. 门楼

门楼位置设置在南院墙上，是家家户户的门脸，修建相对比较讲究，传统的门楼以木框架和“人”字形顶为主，覆盖瓦片，下面安装有厚重的实木对开门扇。

2. 院墙

院墙是院落的边界，从砌建材料上分为土墙、砖墙、石墙和栏栅墙，如果从方位上来区分，又可分为门墙、背墙和左右边界墙。

3. 庭院

窑洞的庭院受窑洞孔数的影响，整体方位都是前庭后窑，所以庭院都正对于窑脸，这种庭院称宽型庭院，延安地区多见。院中还可以设置畜棚，放置磨盘和碾盘，以主窑为中心，左置“青龙”(碾盘) 右放“白虎”(磨盘)，是生活中必不可少的设施，在风水上起到镇宅避邪的作用。

（三）陕北延安地区窑洞构造分类与体系

陕北窑洞在整体观感上最大的特点是方形院落背景下呈现出连续的拱形造型，以富有阵列感而形成节奏韵律，体现着中华民族对“天圆地方”的观念认识，也是我们对陕北最鲜明的记忆。然而形成优美拱形韵律的是各不相同的构造方法在支撑，因为有了这些构造体系才形成了不同的窑型。下面对传统土窑、石窑、砖窑的构造方法进行剖析。

1. 土窑

土窑是向阳面靠土崖，凿一个拱形洞即可建成。窑洞在土脉平行的原生土崖上挖掘，避免在直立倾斜的土脉挖掘，否则易塌陷。窗户是小方格窗，仅一平方米左右，光线较暗，另一种是半圆木窗，约有四平方米，光线及透气性大大加强，半圆形木窗的格局令人视觉舒展大方，也符合易经中“天圆地方”的说法，被广泛应用。窑内则可用白色腻子将窑壁刮平，达到基本的居住条件。陕北地域广阔、土层厚实且土质的胶结性好，不易坍塌，而且土质的垂直性好，挖好的土墙壁直上直下，能够抵挡较强水流及外力的冲击。在黄土断面上，以适当的尺寸开口，便捷简单，是应用最为广泛的窑居形式之一。

传统土窑的构造体系完全是由挖掘成型的圆拱作为支撑体系。没有栋梁支撑及其他保护，能够保存数百年不发生坍塌，即使在地震多发区尚存百年以上的土窑。土窑在建造时没有经过正规的计算，都是当地有经验的匠人根据实际土质情况挖掘而成的，研究证明，这些土拱的开口尺寸与受力合理的拱形曲线十分相似，可见黄土人历经数代积累的结晶还是经得起时间考验的。常见土窑的室内跨度在 3 ~ 3.5 米之间，窑与窑之间的尺寸也保持这个数据。除窑拱之外，侧墙的高度在 1.2 米左右，拱矢高度在 1.5 ~ 1.75 米之间，相应窑上的覆土厚度在 3 ~ 4 米之间。窑室跨度缩小，相应的数据依次缩小，反之，窑室跨度扩大，相应的数据随之扩大，当然，窑室进深的尺寸基本保持在 8 ~ 10 米间，该尺寸对其他数据影响较小。窑洞在覆土自重和侧向压力下受力变形合理，使窑体本身具有稳定的支撑力，这就是土拱体系能够经久不衰的原理所在。

2. 石窑

石窑的建造基本不受土质条件的限制，石窑的建造依南面的段坡而建，山坡推出平地，在平地上砌筑后窑顶覆土，仅用石头和灰浆可砌建或拱形。在陕北，石头资源非常丰富，主家请匠人到附近去开采打制，石料按照尺寸凿方凿弧，修整好的石料在砌窑时切面有讲究，缝隙横平竖直，窑面整体平整，拱圈圆缓规矩。花格窗户加单玻或双玻，使室内有较高的采光度和保湿性，既突出了浓郁的地方装饰色彩，又满足了生活所需。

独立式窑洞多以砖石结构为主，用当地开采的石料为建筑材料。在修整好的平地上建起来的窑洞，其进深约为 7 ~ 9 米，窑体宽度、高度均在 3m 出头。石砌窑的做法和砖砌大致相同，都讲究做工整齐。做法是先用石杵夯实窑背后的墙体，《周礼 · 考工记》中记载有“墙厚三尺，崇三之”，在风水上讲究不漏气，能聚得住财，后用石杵夯砌窑腿，窑券拍实后就可正式箍窑。侧墙高度砌在 1.5m 后方可拱圈，此位置的石料便是梯形状，内小外大，按照角度箍成圆拱形。当窑洞拱形最后一块石头在正中落定，箍窑的结构工序正式完成，最后是往墙体内灌浆，待浆凝固便完成窑体建造，再进行窑顶覆土，在窑脸处用砖砌窗台，制作门窗。此种石窑坚固耐用，因石块强度较大，在覆土压力向拱圈及侧墙传递的过程中，不易变形，使窑洞的洞体轮廓保持如初，因而广受人们喜爱，也是应用最为普遍的窑型。

3. 砖窑

砖窑即用砖和灰浆砌成的拱形窑洞，然后用黄土覆盖窑顶。陕北黄土及煤炭资源丰富，烧砖建窑方便快捷，砖砌窑美观整齐，建造方便，与石砌窑相比造价略高，缺点是保温性差，砖块易老化，其强度会大大降低，影响砖窑的使用寿命。砖砌窑在做法上与石砌窑基本相同，做工比石砌窑繁复，但是强度不及石砌窑，因造价经济，在陕北地区应用广泛。

4. 接口窑

接口窑就是在原土窑的基础上加石砌或砖砌接口，预防窑口坍塌，对于旧窑，起到了良好的加固作用。

一般接口窑按窑拱大小加砌 1 ~ 3 米深，修建时要重新制作圆窗拱洞，使窑洞形象焕然一新。修建完的接口窑室内先将顶面做加固，后用草筋油泥抹内壁，使新旧两部分混于一体。接口窑是土窑的改进窑，在采光和保温上更符合当代人的需求，窑脸也更美观耐用。这种窑洞最深可达 10 ~ 12 米。陕北地区目前使用最多的是砖砌窑及接口窑，这类窑洞不仅更加美观大方，而且能更好地预防地质灾害，是人们在适应环境的过程中对其进行改造的结果。

（四）陕北延安地区窑洞的建筑装饰艺术

如果说陕北窑洞是陕北人特有的文化和物质生活方式，那么以石雕、木雕、剪纸和布堆画等艺术形式是陕北人珍贵的文化瑰宝，这些原生态的艺术表现方式是陕北窑洞重要的人文和建筑元素，具有无穷的生命力。

1. 石雕

陕北石雕造型独特、历史悠久，在中国传统石雕中独树一帜，起着重要的作用。陕北石雕主要由两部分构成：一种是石窟佛像雕塑，以圆雕和镂空雕刻为主，如延安清凉山石窟、子长县的钟山寺石窟；另一种是窑洞的建筑装饰构件，如木质柱础、抱鼓石等。

2. 柱础

柱础为民居的建筑支撑结构。为了防止日久天长柱脚发生磨损腐蚀，专门在柱子下端垫上石制基础，有圆形、方形及八角形，四周多雕刻花纹。

3. 抱鼓石

抱鼓石是大门两侧门框下的石墩，起加固门窗的作用，露在外侧的部分被雕刻成石狮、青龙等纹饰。

4. 其他石刻

其他石刻如石碾、石磨、拴马桩等，在窑洞院落十分常见，表现风格粗犷，具有独特的陕北艺术特色。

5. 陕北窑洞木雕

陕北窑洞建筑木雕是建筑构造的重要表现形式，不同的木雕形式依附于独特的建筑环境，具有极强的民俗民风，体现着陕北人民的文化生活和精神向往。《营造法式·雕刻制度》中，对木雕的描述非常详细，木雕技法可分为混雕、剔雕、线雕、透雕和贴雕等。最具有代表的雕刻有门楣木雕，如雀替、斗拱；门匾雕刻；门窗雕刻，如门扇、门簪、铺首。在窑脸装饰中，这些雕刻起到了全方位的装饰作用，除窑洞的门拱弧线之外，最具代表性的就是各式门窗花格造型，体现了浓浓的黄土风情。

6. 陕北窑洞砖雕

砖雕是除石雕和木雕之外的另一种别具特色的雕刻类型。因砖块的质地较松软，容易加工雕刻，在民居中被普遍应用，花纹种类比石雕更加丰富和精巧。砖雕常被应用在屋脊、瓦当、兽吻、滴水、影壁、神龛等部位，装饰性强且具有镇宅的作用。

7. 陕北延安地区民间美术与室内装饰

陕北凭借着独特的民间美术底蕴和人文主义情怀，不仅在建筑上形成了别具一格的装饰风格，在室内环境中更是处处体现着对美好生活的追求与向往，在室内家具的装饰上也另有建树，如炕桌、衣柜、盆架等常用家具，不乏丰富的纹样和雕刻，如延川县碾畔村，不少家户还保存着老式的箱柜，上面布满了手绘的人物、植物等图案，造型朴实、纹样精美。

民间艺术是民族文化的重要组成部分，深刻地表现了民族文化传统的观念精神与审美趋向。陕北的地域范围包括榆林和延安两个区域，自古以来是农耕文化和游牧文化的交融地，形成了丰富多彩的陕北文化特色。这里有自由高亢的信天游、曲和婉转的民歌、热情四溢的大秧歌、精美绝伦的剪纸等众多艺术形式，为陕北地域增添了丰厚的底蕴，而民间美术又将陕北特色推向高峰。黄土地上生活的人们在长期的生活实践中创造出来的艺术形式是最鲜活动人的，陕北人在特定的环境和表达形式上深刻地影响着各地的民间美术。近年来，由于地方政府对文化遗产的保护和重视，使得各类美术形式取得了快速良性的发展与推广，如安塞剪纸与农民画很早就由陕北地方政府文化部门积极申报，已获得了国家非物质文化遗产的保护项目。现将陕北主要民间美术形式进行统计，如下：

第一，剪纸。陕北的剪纸自古流传。在陕北地区，剪纸是一种普遍的民间艺术形式，而且具有广泛性，上到年迈的老大娘下到俊秀的小姑娘都可以借助一把剪刀灵活自如地剪出对生活的理解。剪纸已经成了陕北黄土地上一种成熟而独特的民居装饰元素，苍劲浑厚的窑洞点缀上红润鲜艳的窗花，真是别有一番韵味，更寓意着吉祥美好的生活理念。

剪纸的创作源泉在民间，平日里各种民俗活动、婚葬嫁娶都为剪纸提供了无限的创作灵感，所以剪纸更深入群众，也是民族文化的重要组成部分。窗花的内容以佛手、莲花、牡丹、如意等图案常见，也有大尺度的民俗场面，众多元素巧妙搭配，气势恢宏。陕北民间剪纸的样式主要根据窑洞的窗格花纹来定，剪好的窗花妙趣横生，与各式窗格相互映衬，美妙绝伦。2002年陕北安塞白凤莲、白凤兰等民间剪纸艺术家被中国文化部和联合国教科文组织授予“民间剪纸艺术大师”的称号。

第二，布堆画。延安的布堆画艺术堪称陕西一绝，尤其是延川县，其因拥有这种独特的美术形式而被称之为“中国现代民间美术画乡”，中国当代作家贾平凹题词“堆彩成佛，终日叩拜”，可见对布堆画的评价之高。布堆画的创造源于人们生活节俭的优良习惯，早先用剩的布头都舍不得丢弃，积攒起来通过劳作者的聪明才智，合理地将各色的布头拼成这种生动的民间图案。这种图案可缝制在枕头、垫肩、钱包及烟袋上，内容多以民间传说、喜剧人物、民俗生活、花鸟鱼虫为主，采用贴块、拼接、镶花、缝合等工序表现出形象夸张、场景生动的画面内容，传递出纯朴、厚重的民间情感。

延安市延川县民间艺术家冯山云等人的多年艺术实践使布堆画在国内及国外大放异彩，夺得了多项荣誉。冯云山的作品《黄河》受到了国外艺术家的高度赞赏，他很多的作品都被中国美术馆收藏。

第三，农民画。陕北的农民画，在绘画形式上，洋溢着热情奔放的色彩，糅合了现代绘画的理念，重视构图形式与色彩的对比效果，在作画时不单一强调比例、光线及透视的绘画原则，更多融入了真情实感，把对生活的美好向往巧妙地编织在画面里，构思奇特、大胆张扬，反映了劳动人民的健康朴实、积极向上的心态。农民画在内容上有生动的劳作场景、热烈纷呈的婚嫁场面，也有大胆张扬的民间年画，变现手法纯熟、表现内容丰满，色彩对比强烈，深受各界人士喜爱，农民画艺人高金爱被陕西省文化厅授予“民间艺术家”称号。目前陕北农民画享誉全国，也成了延安地区一个新兴的文化产业。

第四，绣花花。在延安，有句人们常说的歇后语“麻袋上绣花——底子太差”。在洛川，民间艺术家偏爱在麻布上绣各式各样的图案，也称毛麻绣。毛麻绣的开创为延安赢得“中国现代民间美术画乡”起到了积极的推动作用。

毛麻绣是以粗制麻袋做底衬，在传承修扎技巧的基础上，利用麻袋和各色羊毛线的自然纹理制作的工艺画。它的构思巧妙、内容饱满、形式夸张，通过丰富的对比色形成极具观感的画面，与麻质底衬形成对比，表现力度强，成为一种崭新的艺术形式。

第五，面花。陕北民间称“白面面上雕花花”，顾名思义是用面粉做成各式

花样的食品。这是陕北具有代表性的民间艺术品，是将发酵好的面做成具有表现力的形状，也可在上面进行雕刻和装饰，再放在火上蒸，做好的成品可直接食用，也可放置观赏。成品形态生动、造型精美，表现了陕北婆姨聪慧的心灵与灵巧的双手。延安面花还蕴藏着深厚的文化内涵，每一件面花都是一个故事，传承着一种思想。

延安面花有大小之分，大的称之为“子推”，也称“老膜膜”，小的称“燕燕”。子推上装饰较多，花鸟鱼虫，各式各样，而且色彩丰富，所以，“子推”最能体现出面花的意义和特色。如今延安的面花艺术价值已经超越了传统贡品和食用的范畴，成为名副其实的民间艺术品。

五、陕北延安地区窑洞建筑的现状和演变

进入21世纪以来，随着陕北地区经济文化的发展，信息化和多媒体的广泛普及，人们的生活观念及消费观念逐渐发生了变化。人们已经不再热爱曾经赖以生存的窑洞，窑洞被当成了贫穷落后的象征。据延安市相关报告表明，大部分农村居民希望住上宽敞明亮的楼房，尤其先富起来的群体开始迫切地“弃窑建房”，或者到城区购买高档的商品房，而且以年轻人居多。此时，大量做工粗糙的砖混结构房屋在黄土高原上已是随处可见，此类住宅倒成了农村里的“先进模范”，被大量有经济能力的村民开始使用。

窑洞建筑的地位受到了前所未有的挑战，除了大量已经废弃的窑洞之外，部分精品窑也只能作为旅游开发所用。以延安为例，城市建筑面貌和公共设施的形象都缺乏陕北地域特色，“窑洞”这一陕北窗口对城市的影响越来越小，正处于一个比较尴尬的境地。目前，有觉悟的相关专家和学者认识到了窑洞发展的困境，开始呼吁社会保卫我们的家园，已经取得成效，越来越多的团体和个人开始对窑洞进行良性的保护，对多个地区及村庄实施可持续性规划工作，相信在陕北地区全民的共同努力下，陕北窑洞会有更好的明天。

（一）陕北窑洞建筑发展中存在的问题

窑洞作为一种居住形态，历经数千年的发展与演变，还始终保持着自己的面貌，能够一直传承到今天，是因为有很多的优势，当然也有自己的不足之处，尤其在人们对生存环境有着高度要求的今天，窑洞逐渐暴露了不少问题。

1. 窑洞在自然环境中的安全性

窑洞大多靠山而建，近些年由于环境恶化，特别容易发生山体滑坡、泥石流等自然灾害，使窑洞受到较大威胁。主要有以下几点：

第一，由于大部分窑洞都是土窑、石窑和砖窑，正常情况下都是成排而建，都是受力传递到拱形和侧墙的单体受力模式，对于连排形式的窑洞在环境中是处于一种静态的有机体，一旦发生其中一口或几口窑地基下沉就会因横向拉伸性差而导致旁边窑洞的变形及坍塌。

第二，由于窑洞的主体材料都是黄土、石料及砖料，不像钢筋混凝土一样有较强的抗拉性，在较强的地震情况下抵抗力弱。抗震问题成了窑洞的重要缺陷。

第三，窑洞由于大部分是靠山而建，其坐落位置和排列形态与所依山体的走向有直接关系，高低落差、深浅不一的排位让排水没有稳定的走向，给日常生活带来困扰。

第四，由于窑洞顶上覆盖厚厚的黄土层，而土层的吸水量是有一定限度的。如果雨量较大，当水量大于土层自身吸水量时，室内会出现渗水问题，导致土层土质松软，引发窑洞坍塌。

2. 窑洞室内空气循环

陕北地处黄土高原腹地，地势起伏大，土质坚实，在这样的自然地理条件和生存状况下，窑洞多依山而建，即在向阳的天然土崖上削平崖面，然后横向往里挖洞，窑洞地面呈长方形，且窑洞内空间尺度一般视挖窑的土质来决定。延安地区的窑洞群落大部分将门窗开设在南侧，一般窑洞的深度可达 8 ~ 10 米，宽 3 ~ 3.5 米，高度约 3.3 米。由于四周土质厚，窑洞一般保温良好，洞内冬暖夏凉，给人以安全舒适感，极为适合陕北地区气候特征，但是这种窑洞建筑一般门窗留口较小，采光不良、通风不畅，又由于窑洞尾部没有开窗，外界空气无法对流，加之土层本身潮湿，导致室内空气不流通，潮气过重。

（二）改良措施

事物都是变化发展的，何况随着人们主观意识的提高，窑洞的发展在人们的创造中也会逐渐走向成熟。根据以上总结的陕北窑洞在发展中出现的问题，可以有若干的解决办法共同探讨。

1. 建立有机的混凝土拱形框架体系

窑洞由于横向拉伸性差而导致的不完整性，混凝土连体框架的整体有机拉伸

使得单口窑洞即使地基发生下沉也可保持安全稳定。如果有了拱形混凝土框架体系，在拱形顶上搭建模板，外拱面上做整体防水处理，若地势满足联排窑洞的搭建条件，可将框架体系扩大成连体拱形，这种模式可以解决以下问题。

(1) 山体滑坡而导致的坍塌。混凝土的强大支撑力会使窑洞在山体滑坡的恶性状态下保持主体的安全性。

(2) 窑洞的渗水漏水问题。在混凝土的强大支撑力下，模板保持了强而有效的稳定性，使防水层也保持了相应的稳定性。

(3) 以片区为单位建立总排水沟网。依据山体结构与居住分区建立主次排水沟网，使家户排水汇集于支管，再流向总管沟，该模式必须因地制宜，方才有效。

2. 窑洞室内侧墙开门洞保持联通

窑洞在使用中建立联通模式，主窑与两侧窑使用更为舒适自如，空间功能分区更清晰明了，也增强了室内空气的流通性。

(1) 合理利用山体环境规划窑洞群落。陕北地域广阔，不同地区地貌环境反差大，必须因地制宜规划住宅地位。以小型窑洞社区为单位，统一管理与建立配套设施，这样既有效利用土地资源又不破坏整体自然环境，使窑洞分撒并潜隐于大自然中，最大限度地与环境形成了融合关系，形成特有的黄土高原村貌与地貌，并达到一村一品、一镇一品的环境要求。

(2) 使用成熟技术提高窑洞的居住品质。可使用成熟有效、经济实惠的相关技术对窑洞内采光差、潮湿等问题进行整改。如针对陕北地区太阳辐射充足、气温温差大的问题，可加强太阳能技术的利用，建造阳光玻璃房、安装阳光折射板、太阳能热水器等来改善室内光线及温度；再如室内安装新风系统，来解决换气问题。

六、延安地区窑洞的保护与发展原则——以延安宝塔山窑洞为例

陕北延安地区窑洞建筑作为独特地理环境下的民居类型，是劳动人民智慧的结晶，它有就地取材、施工方便、冬暖夏凉、节约能源的特点，从经济性和实用性角度来分析，是当今节能低碳建筑的典范。同时陕北窑洞又是我国最古老的民居类型之一，具有极强的地域性。作为生态发展价值与文化保护价值于一体的陕北窑洞，目前正面临着经济与文化高速发展下的强烈冲击。旧窑的日益破损、材料技术的落后、人们新兴的居住观念已经严重阻碍了陕北窑洞的继承与发展。对

于陕北延安窑洞的发展方向，应当尊重延安窑洞本身的地域性特征，制定适合其特色的更新与发展原则。现以延安宝塔山窑洞风貌保护规划项目为例进行说明。

（一）项目保护规划原则

延安宝塔山作为延安市一道独特的城市风景线，对延安的城市发展有着重要的意义，它不仅作为城市背景山体，还承载着窑洞建筑的发展与演变，为延安城市部分居民赖以生存的居所，近年来由于当地居民的过度加建，使得原本的山体窑洞被大量的简易建筑遮盖，打破了以往窑洞与山体所构成的"和谐"。近几年，随着人们对城市居住环境的日益重视，2014 年由延安市政府牵头，对宝塔山窑洞风貌进行保护性规划。

1. 整体性原则

宝塔山窑洞的形成与发展是一个较长的过程，它与延安城市的整个地貌、人文特色有着直接的因果关系。对延安宝塔山窑洞更新与发展的探讨，离不开对各种影响因素的把控与考量。它的发展应当在保护的基础上顺应环境发展的趋势，将窑洞建筑融会于山体之内，保护和延续原有的空间秩序，在原有的建筑体量和过道尺度的基础上，探求窑洞建筑在山体环境下内在的存在方式。整体性规定了在原来的山体构造基础上延续窑洞自身的结构。窑洞群体的整体性营造是此次保护性规划的最终结果。

2. 以人为本原则

规划后的宝塔山窑洞以旅游观光及居住为主要功能，因此应当关注参与者的感受。规划更新的目的是为了使其有更好的保护及发展空间。当代建筑理论中对于以"人"为本做法，不只是在人体尺度及舒适度的层面上，更要营造愉悦的建筑空间及建筑环境，使人能更好地融入自然中去。规划保护的过程中，加大建筑环境及家具舒适度和耐久度的同时，不破坏窑洞本有的生土性。在原有环境特色的基础之上加入新材料和新能源的使用，尊重当地居民的意见，可以加强居民参与性，保证使用者本身的满意程度，形成有力的保护推动力量。

3. 科学发展原则

宝塔山窑洞规划中要运用科学方法综合分析。首先，需要多学科专业的共同合作，并可涉及多个专业领域，切勿以偏概全，应是综合运用、全面考虑。其次，在科学发展的过程中，要考虑到发展的延续性，不能一味地主观化、效果化而使规划后的窑洞建筑超出山体负荷，导致不可逆转的破坏。

（二）项目改进措施及创新点

如何保护延安宝塔山周边窑洞风貌是该项目的核心研究内容。城市风貌形象研究，是对影响城市特色和总体形象关键因素所进行的统筹安排。

1. 宝塔山窑洞建造存在的问题

窑洞建筑所谓“凿穴而居”是人类最古老的居住方式之一，陕北延安是窑洞留存最广泛的地区之一。宝塔山地区窑洞依山而建，随形就势，是原住民朴素审美观的体现。地坑窑洞的建造方法及要点依据延安城市自然、历史文化特点和经济社会发展规划的战略要求，确定宝塔山景区周边改造的指导思想和原则；调查发掘与分析评价城市景观现状、发展条件及存在问题，特别是革命旧址、历史遗存周边的典型案例、典型问题：

（1）确定城市内区域景观风貌特色与定位。强化景区的辨识度及与周边环境的协调统一；明确周边各区块的功能指向与城市人文、历史、文化背景的关系；研究宝塔山窑洞建筑技术形态特征（构造形态特征、物理特征及加固修缮方法）。研究如何通过改变革命旧址周边环境，提升城市特色。识别和提炼区别于其他城市的最强的感知属性，强化城市特色分区，突出城市景观各要素和谐关系的明晰性、结构性与可识别性。延续城市自然格局、顺应总体规划的结构，研究创造有内涵、可识别、和谐、悦目的城市审美品质，构筑城市空间意象系统。

（2）协调宝塔山景观风貌资源与周边区块土地使用布局的关系，确定符合区域内有机发展与更新的空间结构关系。空间结构关系如何兼顾人在城市环境中的行为规律，充分考虑居民与游客在城市中的体验关系，既创造便利、舒适、安逸的城市生活环境，又满足城市历史文化内涵的展示与塑造。城市风貌规划必须在改善生态环境方面尽其所能，充分利用阳光、气候、动植物、土壤、水体等自然资源，与人工手段一起，创造健康的生存环境。

（3）提出宝塔山景区周边环境改造的范围及控制要求，明确实施方案、方法、步骤。重视城市历史文化的保护与承传，重视城市景观的历史延续性及其本土文化特性。充分考虑城市中的人文景观资源，因地制宜地保护与开发，既关心尊重历史文脉，又注重现实和时代的延续性、创造性。延伸对延安革命旧址保护与发展的对策，总结实施经验。

2. 基本思路和方法

研究课题来源于社会实践，关注民生问题，传达城市发展中的人文精神、重视中国优秀传统文化中的精髓，在完成对窑洞民居风貌保护的同时引起社会广泛的重视与关注。本着注重实践的原则对宝塔山地区的窑洞进行踏勘调研，提出保护与改造意见，为该类型的城市风貌保护与改造提供可借鉴的实例。

第一，学科方向定位的选择角度独特，在设计学角度下的艺术创作，以往的有关窑洞民居建筑研究大多是针对窑洞建筑的本体和结构技术进行研究，本课题则更加关注窑洞民居的艺术表现力，与人、与城市的和谐共生以及整体风貌的视觉传达。

第二，从资料整理和测绘过程着手，重视窑洞的技术数据统计，从保护和研究窑洞民居聚落体现价值。

第三，将研究成果直接运用到实际项目中，快捷地体现其社会价值，产、学、研一体化，提升城市风貌设计的文化意境。

笔者在窑洞建筑相关研究成果的基础上，以建筑理论为基础，综合民间艺术、历史文化等各学科知识，采用实地调研与理论分析相结合的方法，对陕北延安地区传统窑洞建筑的地域文化特色及现状进行了整理研究，对窑洞建筑的优势、现存的问题及保护与发展原则进行了较深入的探讨，以实际案例——延安宝塔山窑洞风貌一期建设项目展开研究，为延安地区窑洞建筑的共性展开描述，并得到其存在的普遍问题及发展趋势，从而对该地区窑洞建筑的保护和发展提出具体的改造策略，供其他研究者参考。

陕北文化是在陕北独特的历史条件、地理环境和政治经济发展诸因素的基础上形成的。陕北文化尽管在历史阶段上发展迟缓但不迟钝，相对封闭但不僵固，其民间文化充满着生命力和热情，当今的文化现象也足以证明陕北文化顽强和优异的特征。陕北窑洞是陕北文化特色的重要组成部分，陕北窑洞文化在新时代的发展下要力求创新，紧跟时代步伐，才能保持旺盛的生机。

窑洞作为一种最原始的建筑形式，具有深厚的历史与人文背景。经过上千年的发展，窑洞已经孕育出了独特的窑洞文化，散发着原始、朴实、纯厚、热情的黄土文化气息，是我国传统文化的典型代表。在当前乃至今后，我们应当进一步加强对窑洞文化的保护与传承，使窑洞文化永远延续。

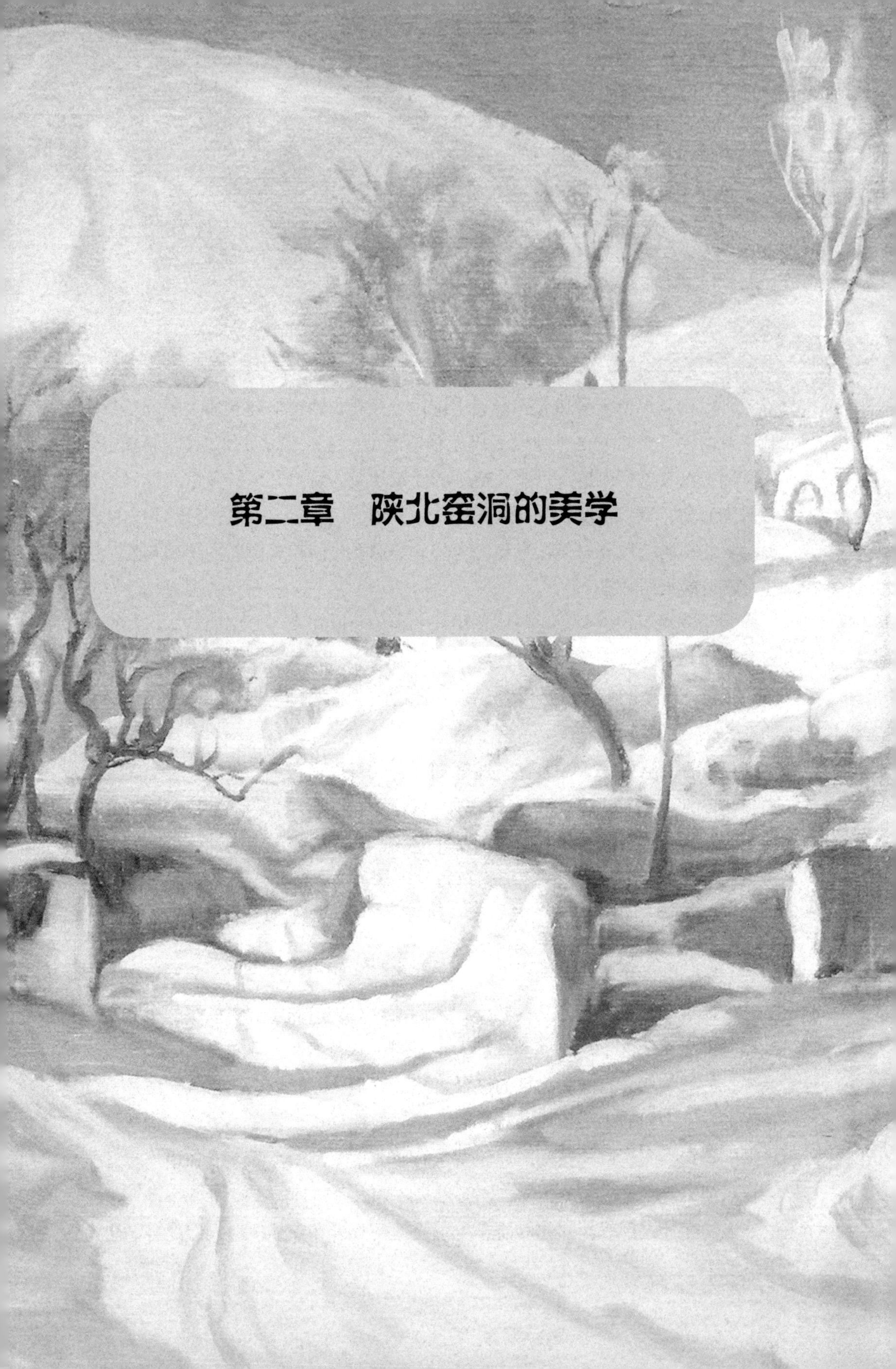

第二章　陕北窑洞的美学

第一节 陕北窑洞的美学意蕴

近年来，很多学者热衷于研究中国传统文化，而窑洞建筑作为陕北传统文化的主要内容，是研究这一地区不可忽视的章节，它反映了陕北地区的自然环境、人文环境以及风土人情。以陕北窑洞的建筑环境、建筑艺术特色以及建筑设计等为研究对象，可以表现出窑洞的自然之美、生态之美、艺术之美以及技术之美，揭示陕北窑洞所具有的美学意蕴，为陕北窑洞在民间建筑史上的价值与影响力寻找了不可磨灭的证据。

黄土高原历经沧桑，它与中华民族的历史一脉相承。厚厚的黄土沉积的不仅仅是高原人的敦厚淳朴，还有高原人的热血与豪情。在这里有粗犷豪放的安塞腰鼓，有玲珑秀致的窗花剪纸以及鳞次栉比的陕北窑洞，它们共同构成了黄土高原的三大人文美学景观。

黄土高原素有“千沟万壑，驼峰拥翠，长城烽火窑洞”之说，可见陕北窑洞不仅是陕北人居住的一种方式，也体现着生活在这片区域的陕北人的态度与精神。陕北窑洞凝聚的是陕北居民的文化空间，凝聚的是丰富的文化信息。窑洞建筑，无论是作为个体，还是作为聚落建筑群体，都有其独特的美学意蕴。

一、美学意蕴

（一）和谐统一的自然美

窑洞就是一个客观存在的物象，人们通过对窑洞的欣赏形成了一个富有韵味的意象世界。在这个意象世界中，人、窑洞、自然三者契合融为一体，形成了和谐统一的自然之美。窑洞建筑的这种自然美离不开人的创造，它所显现的不仅是黄土高原上人们的生活景象，还是人们品质的部分显现。窑洞建筑不刻意地追求华丽的雕饰，而注重朴实实用，体现着高原劳动人民的生活态度和追求。窑洞是大自然馈赠于陕北人民的礼物，同时也是陕北人民精神的依附。

自古黄土高原都以农耕为生，对黄土地的热爱和崇拜使得人们在窑洞建造的

过程中尽量保持这种“土黄”的色调，无论是窑洞的墙面、院墙、火炕，还是窑顶，都用黄土“装饰”。站在黄土高原上放眼一望，阳光映射下光线的“黄”、黄土的“黄”、窑洞的“黄”与人们肤色的“黄”一脉相承。这种色调所营造的和谐优美，既是人们主观思想与客观生存环境的统一，也是人们内心审美经验的具体表达。

“建筑是人类用以适应环境的一种重要手段。人生活在自然与社会的双重环境中，因此对建筑的适应性要求，包括对自然环境的适应和社会环境的适应。”窑洞作为黄土高原的原始建筑形态，都是以适应黄土高原的地质、地形、气候特点而延承至今。黄土高原是由风力堆积作用形成的，主要是亚洲东部季风区强大的冬季风，它来源于中高纬内陆地区，即西伯利亚和蒙古高原一带。正是黄土高原这样得天独厚的条件，为窑洞民居提供了建筑材料——厚厚的黄土层。黄土高原大陆性气候显著，夏季高温多雨，冬季寒冷干燥，而窑洞“冬暖夏凉”的优势正好弥补了大陆性气候的不足，为人们的居住提供了可靠保障。人们对生活居住形式的选择正体现了人们在尊重自然的同时也在努力地改造自然，创造适于自己生存的天地。这种人与自然的交互性映射着高原人与自然之间的和谐与和睦之情。

“建筑物是稳定的实体形象，一般是不能移动的。它作为空间环境中的一个具体形象，总要以整体环境的恰当而和谐的布局才能获得造型的表现效果。单个的建筑形象只有与周围的空间环境融为一体，并且依靠周围的环境才能构成完整的形象。”窑洞建筑在选址的时候就特别注意与周围环境的契合度，充分利用地形地势特点，正所谓“合于方的就其方，适乎圆的就其圆，地势偏的就其偏，地势曲则就其曲”。其实无论是人还是物，最美的状态不外乎自身所呈现出来的自然美，而黄土高原上的窑洞建筑在给人与自然创设和谐统一之美的同时，也展现了作为建筑自身的自然之美。

（二）融入自然的生态美

在当前大经济时代的背景下，科技的不断创新带动工农业大步发展，但也对生态环境这一问题提出了挑战，尤其像黄土高原这片生态环境脆弱的地区。经济的发展与维持生态平衡之间有着直接性的矛盾关联，生态美首先应该满足人们生存和发展的需要，其次才能是审美上的精神需要。陕北窑洞作为人文景观，是客观存在的物质实体，给人们提供了生存的空间，保障了人们的生活质量，使人们在生活幸福的同时产生富足的审美精神。

中国就是一个农业大国，黄土高原这片地区，农业的特征更为突出。人们只有适应自然，才能融入环境以获得衣食之源。在这一过程之中，窑洞就是人们适应环境的典型产物。窑洞建筑看上去似乎在建筑设计上难登大雅之堂，然而窑洞却体现了节约能源、节省建筑用地、保持生态环境等环保意识。

1. 自然资源的充分利用

一方水土养育一方人，陕北人民正是充分地利用当地的自然优势，将自然与人类结合在一起，创造出适合人类居住且冬暖夏凉的住所——窑洞。无论是窑洞的院墙、檐面，还是它的火炕、土灶，都是对土资源最大限度的使用。在窑洞建设中土地资源不仅是一种建筑材料也是一种装饰材料，黄土高原的人们已经习惯了有火炕土灶的窑洞，这样的窑洞才是完整、单纯、绝对和谐的本土建筑。

陕北窑洞的选址上就显示了对自然资源的充分利用。地形的限制一方面要求人们按照客观的自然规律建造窑洞，另一方面也给人们提供了利用当地自然资源的契机。例如靠水流近的窑洞民居，可以利用水资源供人们生活用水或者灌溉田园。窑洞建筑将人们的生活与大自然的环境联系在一起，使自然资源得到最大限度的利用，也使人们的生活得到了物质的保障。

2. 自然条件的因地制宜

“窑洞居所都以天然黄土为前提，是从属于大自然的人工环境，侧重于表现环境的客观性与外在性，由环境的感性特征引起人们的美感。”所有的人或事或物在做出改变时，都必须遵循因人制宜、因时制宜或因地制宜的原则，只有这样，才能符合客观规律，才能长期生存或存在。陕北窑洞也不例外，也是充分地利用了大自然给予的资源优势，既表现了黄土高原的陕北风情，又提供给人们温暖舒适的住所。陕北窑洞充分体现了黄河流域的地域文化，是文化传承的精髓所在，是集黄土高原风土人情与自然风光于一身的建筑实体。

黄土高原的气候、地形、地势都肯定了窑洞建筑在黄土高原的独特价值。窑洞民居形成有一定的自然条件，首先，“陕北是我国黄土高原的主要组成部分，地势西北高东南低，除长城沿线风沙带和部分山地外，大部分为 50 ~ 150 米厚的黄土覆盖层”，正是因为黄土地层地质构造均匀、抗压强度较高，在挖掘窑洞之后，能够继续保护土体自身的稳定，同时陕北地区少雨就为窑洞的产生创造了很好的自然地理条件。其次，窑洞大多在半山腰或者山脚下进行开凿，而此地多是老黄土的沉积层，老黄土的深度决定了其高、强度，十分有利于挖建靠山式类的窑洞。总的来说，黄土高原的各方面自然条件都适合窑洞的建造。

3. 环境保护的生态意识

在建造窑洞的时候，陕北居民总是以不占基本农田为原则，选择在“靠崖式”地带凿洞，尽量向地下争取居住空间。有些沟壑纵横的地区，土窑则建在不宜耕种的陡崖部位。黄土高原这样独特的地势特征增强了陕北人民的生态保护意识。现如今，我国耕地面积逐年大幅度锐减，而人口却在不断增加，怎样以锐减的耕地养活增长的人口，是我们面临的残酷现实。而窑洞以极少的居住空间为高原人们争取到了极大的耕地面积，被人们日益重视，成了陕北人民居住环境的主体。同时，窑洞不会影响基本农田的生产与发展，对自然资源物尽所用，又对自然环境产生了一种适应性和保护性，在生态建设和环境保护中起到了不可小觑的作用。现在黄土高原面临着生态破坏导致的水土流失及森林面积减少等严峻的问题，而窑洞的挖掘、院落的修建使水土得以保持，生态得以平衡。窑洞建筑在黄土高原的生态环境保护中起着关键性的作用。

4. 节约能源的经济意识

陕北窑洞相比现代一些建筑而言，造价极为低廉，所需劳动力少，材料简单易取。例如，建窑过程中，挖掘出来的土可以用来摊平院落、砌院墙、盘火炕，使土地资源得以综合利用，节省了其他建筑材料的费用。我们都知道窑洞有冬暖夏凉之功效，夏天不用开空调，冬天不需要使用暖气，所以它在采暖或者制冷方面比现代普通房屋少了很多的生活费用。就黄土的保湿隔热而言，窑洞居民享受到的不仅仅是舒适和省钱的好处，更长远的意义在于造福后代，使后辈获得可持续发展的生存空间。

综上论述，我们可以看到陕北窑洞的生态价值不仅在于当下，更在于未来。陕北窑洞的存在为未来生活在这片土地上的子子孙孙获得可持续发展的生存环境提供了条件，同时陕北窑洞生态美的美学特色将会随着时代的发展而发挥更大的效用，也将会被更多研究陕北窑洞的学者认同信服。

（三）别具一格的艺术美

世界著名的建筑师贝律铭说过，“建筑是一种社会艺术的形式”。哲学家黑格尔也说过，“建筑师凝固的音乐，音乐是流动的建筑”。可见建筑的建造实际就是艺术的创作。在这个艺术创作的过程中，窑洞被看作审美意象，配合现实生活的场景以及艺术家独特的想象力，共同营造出一个完整、单纯、充满意蕴的感性世界。把窑洞看作一件特殊的艺术作品，那么其在结构上也可以从三个层次去探究，即材料层、形式层和意蕴层。窑洞的构成材料主要是土资源，它给观赏者一种柔软舒适的质料感。这种质料感融入美感，成为美感的一部分。窑洞结构的形式层显现了窑洞的意蕴、意味，并形成一种“形式美”或“形式感”而成为美感的一部分。窑洞结构的意蕴层决定了我们欣赏窑洞的差异性和丰富性。这里主要谈谈关于窑洞结构的“形式层”所萌生的特有的艺术之美。

窑洞结构的形式层最有表现力度的自然是窑洞的形体之美。窑洞的外围造型几乎均源自方圆两种基本形态，中华民族自古就有“天圆地方”的宇宙观，方圆相济的造型表达了人们对自然的模仿和崇拜。对于其形体之美，主要探究其室内的格局以及窗户设计。窑洞设计工艺讲究、构造完美，从室内到室外主要采用了方正两种基本形状。如土窑洞一般是预留土炕，而独立式窑洞则火炕另设。对于火炕有“尺八的锅台二尺炕”的规格，烟囱的设计要求达到“狗窝，卧下狗，烟囱转开斗，出烟一袖口，风刮如雷吼”的效果。火炕、烟囱、灶台都有棱有角，方正相济，衔接得宛若天成。窑洞的室内格局俨然是一个立体的空间几何，自然朴实、实用大方。

窑洞建筑中最脱俗养眼的就是它的窗户设计。“窗户是窑洞中最讲究最美观的部分。洞口有多大，窗户就有多大，窗户由木匠用木头精细加工而成。”窗户分为天窗、斜窗、炕窗、门窗四大部分，有的窑洞没有设计斜窗，当然这要和窑洞整体的通风性能相联系。窑洞每一扇窗都是要精心策划、量身打造，因此也就成了窑洞建设最难的一道工序。窗户要美观必然少不了窗格子的设计。窗格子各式各样，有正方的、长方的、圆的、椭圆的、波状的，等等。陕北窑洞的窗户大且多用麻纸糊成，每逢过年人们都会将往年贴在窗格子上的麻纸撕下来换成新的，并将多姿多彩的陕北剪纸贴在窗户上，营造喜庆的气氛。陕北剪纸是结合于窑洞存在的一种民间艺术形式，在陕北，有窑洞存在的地方就有剪纸的存在。陕北剪纸艺术古朴生动，为窑洞窗户的形体之美添彩生辉。

整个窑洞的建筑设计都刻意地注重窑洞的形体之美、艺术之美，这也是人类想靠拢自然、征服自然、利用自然的一种体现。欣赏陕北窑洞会不知不觉地把审美主体引入一种超越具体物象的意象世界，使审美主体重新获得对人生、历史以及宇宙的理解。这就是一种审美的境界，也是窑洞艺术美的表现所在。陕北窑洞

的整齐、自然、大方以及外形之美都毋庸置疑地使其成为黄土高原一道亮丽的风景线。

（四）匠心独具的技术美

从中国古代建筑开始，技术美一直是建筑审美不懈追求的主题。“建筑具有技术的特性，同时也有美的要求。墨子说：‘居比常安，而后求乐。’‘常安’，是对建筑实用功能的要求，要求它坚固耐用；而‘求乐’，则要求建筑能满足人们的审美需求。”这样来说，古代就开始追求建筑的技术美。现代美学研究大家叶朗先生也说：“所谓的技术美，就是在大工业的时代条件下，在产品生产中，把实用的和审美的要求统一起来。”对于研究陕北窑洞的美学意蕴，技术美自然是关键性的课题。技术美是美融入社会实践活动中的一种体现，它使技术活动艺术化、审美化。任何一座实体建筑都是技术与设计、人力与智力、劳动与汗水等因素的结合体，窑洞也不例外。

窑洞的技术美的实质就是窑洞的功能美，这也是窑洞这种建筑技术美的实质。“技术美的出发点是人，是人的需求，人不同于动物，人不仅有物质的需求，而且有精神的需求。产品的功能不仅要适应人的物质需求，而且要适应人的精神需求。适应人的物质需求的是产品的使用价值，适应人的精神需求的是产品的文化价值和审美价值。”窑洞就是陕北人民物质需求与精神需求的结合体，也是陕北人民物质需求与精神需求的寄托。窑洞建筑的技术美即它的功能美，主要表现在窑洞的内在形式结构以及窑洞的表层外观。窑洞的内在形式结构力求满足陕北人民的生活行为习惯，例如盘炕是为了使窑洞“冬暖夏凉”的效果更加突出，土灶的锅口口径大是为陕北人喜欢吃“大锅饭”而设等，这一系列内部形式的设计都按照陕北人的物质生活需求来安排。对于窑洞的表层外观而言可以用“完整，单纯，绝对的和谐”来形容。窑洞建设不求华丽，但求色彩和谐，不求外观宏伟博大，但求自然大方。这些方面主要满足了人们精神的需求，审美的需求。

“任何建筑都同时具有实体美和空间美，但不同体系的建筑在空间美和实体美的表现上有不同的侧重。”像西方的教堂、礼堂以及一些哥特式的建筑群体就表现了建筑的实体美，而陕北窑洞却侧重于表现建筑的空间美。像窑洞这样的建筑并没有集中、庞大的体量，而突出地表现在建筑的内景中，有较大的空间和较复杂的空间组合。窑洞四合院就是典型的代表性建筑。中国著名建筑教育家梁思成先生说：“凡主要殿堂必有其附属建筑物，联络围绕，如配厢、夹室、廊庑、周屋、山门、前殿、围墙、角楼之属，成为庭院之组织，始完成中国建筑物之全貌。”陕北窑洞建筑作为一个整体单元，自然也有其附属建筑物，可从窑洞建筑的开端空间、过渡空间、台下与檐下空间以及室内空间去研究窑洞建筑的空间之美。

陕北窑洞院落空间是以宅门为空间开端，在院落空间的设计中须符合陕北人的生活行为习惯，例如宅门的设计就独具特色，“高高的墙壁和宅门间隔排列，宅门较墙壁略突出，墙壁和宅门给人一种庭院深深的幽静感和神秘感，以及一种高墙封闭的感觉”。宅门的这种突出所衬托的院落的自我封闭性是北方居民性格的显现。在《建筑的意境》这本书上也谈到关于北方民居的格局形成的原因：“自给自足的封建家庭需要保持与外部世界的某种隔绝，以避免自然和社会的不测，常保生活的宁静与私密。”所谓过渡空间一般指的是宅门与窑门之间的院落，也就是院落空间。在正窑的前方有一个高宽比例较大的台基，称之为台上空间。台基一般比较高，连接着院落空间与室内空间。台上空间提升了正窑的高度，也增加了室内外的层次感。檐下空间的设计则十分精妙，窑檐的设计力求雨水的侵蚀不伤及窑顶，又要照顾到光照的效果。这样一来，檐下空间在光线照射下就有了光影的变化，丰富了视觉上的美感。

“室内空间是整个院落空间的核心，也就是经台上空间或者檐下空间进入正窑的空间。”室内空间会有土炕和炕台，窗子和窗台，窑门以及门窗上的通风口等设计。对于土炕，生活在陕北、甘肃以及东三省的一些居民来说最熟悉不过了。为了使窑洞整体“冬暖夏凉”的效果更加明显，土炕的设计极为严格。土炕的设计力求内部空间宽大并与烟囱的通风口相连，这样在寒冷冬季的时候，土炕便成了一架名副其实的火炉，供人们取暖。炕里庞大的空间可以生火，使炕面发热，进而提升了整个窑内的温度。据说土炕可预防关节炎、风湿、颈椎、腰椎疾病，另外对预防小孩子的驼背也有效果，当然这是人民群众不断积累生活经验得来的。窑洞窗子的设计要与窑门匹配，要求美观大方、形式多样。同样锅台的设计也极为严格。锅台的大小高低取决于室内空间的大小，一般而言锅口的设计是两到三个，当然也要与烟囱的通风口相连，原理与土炕相似。窑门一般都会选择坚硬耐腐蚀的木料，如柏木。很多居民在建造窑洞的时候会在窑洞的最里处垒一个平台以陈列家具，这取决于个人的设计需求。对于窑洞建筑这种内部空间的设计，在外国建筑史上很少有类似，充分说明了陕北人民匪夷所思的建筑构想。室

内的空间设计将窑洞建筑的空间美表现得淋漓尽致，显现了广大劳动人民无穷无尽的智慧。

简而言之，陕北窑洞所表现出的技术美特征符合中国传统文化的要求，符合人们生活的需求以及审美的要求，也符合陕北人民的理想与追求。窑洞建筑的技术之美将会推进陕北人民“日常生活审美化”的进程，为“大审美经济时代”的到来做好铺垫。

二、生态美学意蕴

笔者从学理层面对陕北窑洞的生态美学意蕴与和谐潜质做了挖掘：它上承原始穴居传统，体现了中华民族与自然和谐相处的哲学精神，蕴含着天地自然亲亲融合的环境意识，包含了顺应自然的建筑意识、法天观地的造型意识，是一种人性化的人居场所。随着生态危机的日益加剧、和谐社会建设的推进和窑洞民居圈在现代文明面前的缩退，进一步发掘利用其可服务于当代生活的古朴智慧，已经是势所必然。

学界关于陕北窑洞的研究已经有不少成果。笔者以为这些成果大体可以归为三类：一类是属于田野调查报告式，一般只做图片采集或资料收集介绍，如“穴居中国：天人合一的建筑奇迹”；一类是建筑学家的成果，集中于数据方面的科学研究，如“西部黄土高原窑洞民居发展中的工程问题”；最多的一类是民俗学家的研究，成果集中于民俗学方面的考察，这对理解窑洞民居的风俗人情、人文地貌和窑洞这种建筑形式的深厚文化有很大的价值，以郭冰庐“陕北窑洞民俗文化研究”为代表，还有王其钧主编的《民间住宅建筑：圆楼窑洞四合院》。立足于前人研究的基础，笔者从学理层面对陕北窑洞的生态美学意蕴与和谐潜质作进一步思考，发掘其在当前建设和谐社会大背景下值得借鉴的经验。

窑洞，作为中国西北黄土高原地区典型的民居，是人们利用山坡等自然条件，将内部挖成拱形而成型的一种居住环境。它继承了原始穴居传统，由于其独特的地域优势，历经几千年的考验和积淀，成为名副其实的文化的载体，记载了北方先民纯朴的民风，融合了原始古朴的审美特色、乐天独厚的生活态度以及和大自然和谐相容的生态观。窑洞直到现在仍是陕北人挚爱的建筑形式。作为建筑史上的奇观，窑洞一开始就表现出一种道法自然、天人合一的传统生态思想。它强调人与自然的和谐和建筑与自然的结合，在人与自然的密切接触与亲和相拥中，“用天材，就地利”，顺应自然，为我所用。

（一）与天地自然和谐熔融的整体环境意识

林语堂说："中国建筑的最后和最重要的原则是保持与大自然的调和。"这契合中国重整体的思维模式，在传统的文化品性中，天地自然一向被看作是人类赖以生存的根本条件。自然万物被看作是一个有机整体，是可以与人发生感应或共鸣的有情宇宙。老子曾经提出："人法地，地法天，天法道，道法自然。"庄子曾经提出："天地与我并生，万物与我为一。"到了北宋时期，张载更进一步提出"乾坤父母""民胞物与"的思想。这些思想在窑洞的建筑理念中都得到了很好的体现。

常言道，建筑即是围起来的空间。窑洞建筑，有别于现代的钢筋混凝土建筑围合的空间构建理念，采取"减法"式理念，运用嵌入式构景，以表达内向含蓄的文化思想。故没有古埃及宫殿和神庙的神秘，没有拜占庭建筑的压抑，没有哥特式建筑的威严，也没有巴洛克的繁复，更没有现代建筑的突兀，时时表现出的是与周围环境的高度融合。现存的窑洞按照建筑方式大概可以分为三种类型：靠崖窑，天井式窑洞，覆土窑。靠崖窑和靠崖窑院的挖建，都选择在自然冲沟形成的天然崖面，或是自然形成的天然土塬断面，或是自然岗地形成的天然截头处。梁峁沟壑区窑洞根据山峁沟谷的凹凸褶皱走向，镶嵌于山间，以延安大学的窑洞群为代表。天井式窑院采取潜隐式空间，形成深藏不露的地下人居环境。它们都最大限度地与大地融合在一起，充分保持着自然生态面貌，给人一种粗犷古朴，乡土味很浓的美感。"上山不见山，入村不见村。院落地下藏，窑洞土中生。平地起炊烟，忽闻鸡犬声，绿树簇拥初，农家乐悠悠。"正是这一图景的真实写照。可以说，窑居村落是最能体现"天人合一"这种传统文化观念的宅居建筑。

（二）顺应自然的建筑意识

所有的窑洞建筑，并没有对环境进行大规模的改造，而是因地制宜，"用天材，就地利""顺自然而行，不造不施""顺物之性，不别不析""因物自然，不施不行"，任物之性，自然而然，顺应自然，为我所用，体现了"依生之美"，而少有现代建筑的"残生损性""竞生之美"。

首先，从窑洞的选址看，靠崖窑和靠崖窑院的挖建，都选择在自然冲沟形成的天然崖面，或是自然形成的天然土塬断面，或是自然岗地形成的天然截头处。只需对陡立的崖面、地面稍作垂直切削和平整修理即可从崖面底部沿水平方向向土层纵深处掏挖横穴。天井式窑院深隐于地下，并没有减少耕地面积，最大限度地保持了地面植被。

其次，在建筑理念上采取凿的方式，从实体中争得空间，既满足窑洞本身的居住要求，又不扰动大自然本身的脉络。人以自然的方式去偎依自然；自然以人的方式去接纳人类。“人、自然、窑洞、村落融为一体。塬野坑布，别有洞天，依山傍水，视野开阔，一山一水，一草一石，一沟一壑，无不各安其位，各司其职，营造了一种奇绝的，只有在陕北高原才得以领略到的‘空间气氛’。”

最后，窑洞建筑色调上一般采用建筑材料原来的色调。黄色和青灰色是窑洞的两种主色调。长期以来形成的黄土崇拜观念造成人们尚黄的思想，以黄色为吉色，所以人们不但不掩饰黄土这种建筑材料，而且还有意凸现之。在洛川塬上，一座座院落，包括院墙，窑洞帮墙、背墙、窑背脑在内，全由黄土“包装”而成。山西省汾河流域晋中地区的平遥和灵石县静升镇王家大院的主色调为青灰色，即使在窑洞的内部，其弧形拱顶也是清一色毫不粉饰的清水对缝砖拱。给人以古朴、沉稳而不失节奏的视觉感受。窑洞建筑不但节材省力，而且符合中国文化强调人与自然和谐的哲学精神。万物有性，天行有常，圣人所作之事为体物之性，“原天地之美而达万物之理”(庄子《知北游》)“无以人灭天，无以故灭命”(庄子《秋水篇》)，所以窑洞的构建正体现无为于万物而使万物各适其所用的理念。尽量保持自然的原生态，把窑洞建筑整体熔铸于环境之中，少有现代建筑与环境的突兀隔离之感。

（三）法天观地的造型意识

窑洞的造型最大的特点就是中规中矩，上方拱圆、下方端直。无论从室内的窑顶或是室外的拱头线来看，无不以圆美构架之，配之于中规中矩的窑洞帮墙之上，均衡统一，比例适度，且富有变化。这种造型体现了中华民族对大自然“天圆地方”的认识观念。原始先民无法解释自然万物，便对自然创生繁衍的能力很是崇拜，于是把自然万物当作一个整体，并赋予其生命，在长期参赞化育的过程中逐渐领悟、模仿、靠拢大自然以便获得无限的生气。古时人认为天圆地方，故窑洞上方拱圆、下方端直的建筑构造就体现了“天圆地方”的宇宙认识。人类进入半穴居阶段，开创建筑文化之后，将这种认识投之于房屋构建中，表现出天地相连，人与天地抱合的宇宙神话意识，使建筑成为微缩的或再造的宇宙。原始人生活于大自然中，与自然宇宙相融，古代歌谣《敕勒歌》中就有“天似穹庐，笼盖四野”之句，反映了屋盖与天盖的相通相融，给人阔大悠远的感觉。作为缩小版的宇宙，“窑洞没有柱子，拱形曲线和两侧崎壁的曲线连接过渡平滑、舒展，没有任何平顶建筑中柱基与方屋顶之间连接的那种紧张、局促、压抑的感觉……在窑洞结构中，占主轴地位的是拱顶，其他一切构成部件都向它靠拢。尤其是沿两侧墙壁向拱心聚拢的曲线，更给人一种向上的力量感。人站在窑洞内，两侧手臂平举，并随之上下起落，又恰如在模拟窑洞土体内的呼吸。向拱心聚焦的曲线是吸，向两侧下落的曲线是呼。一呼一吸，起转承合，给人一种‘大洞之内其乐也融融’‘万事俱休’的惬意感、自足感”。

其次，上圆的造型似腹形，体现了人们寻求大地母亲的庇护。弗洛伊德的《精神分析导论》中指出“母亲为人类第一个钟爱的对象”，人类对母亲的依赖和对母体的依恋是与生俱来的，都希望与母亲合而为一。与母亲合而为一便是至善，就是极乐。然而人类自从脱离母体之后，便失去了子宫的庇护，处于一种危险状态之中，追求再次与母亲的合一已不可能，回到子宫中的混沌而安全的状态也不现实，于是人们遵循胎儿时代的记忆，重新寻找一个子宫的象征空间，求得安全和被庇护感。

（四）和谐的人居场所

中国窑洞素有“洞天福地”之美称。第一，窑洞由于处于黄土洞穴之中，感受大地的脉搏，穴居野处，栖息山林，“餐六气而饮沆瀣兮，漱正阳而含朝霞”（《楚辞·远游》），采天地之气，寻养生之道。窑洞这种居所契合道教以洞室为修身采气之佳境，回归自然母体，追求长生不老。逆宇宙之时序而成仙，返回与母体为一的原初状态，寻觅山中洞室以为修真之地，得养天地之寿。居于其中取天地精华，汲阴阳和气，“天长地久，天地所以能长且久者，以其不自生，故能长生”。

第二，有别于后现代建筑中人们同楼居住，老死不相往来的传统，窑洞作为文化的载体，承继了先民的纯朴传统。因为白天看到的是天似穹隆、笼盖四野的开阔景象，以天为被，席地为床；晚上又睡土炕，时时呼吸着清新的山风，感受着大地的脉搏，长期居住于窑洞这样一个缩小的宇宙之中，人们豁然开朗，没有压抑感，更没有拘束感。靠天吃饭，使人们一直对上天和大地母亲深怀感恩之心，养成了陕北人平和、憨厚、热情的淳朴民风。承继早期先民为抵御猛兽和狩猎而采用的群聚的生活，尊老爱幼、互相协作、相互信任的集体意识的沉淀，以及在参赞化育过程中所领悟到的天地自然的浑融一体，故人们也应亲亲融合。这

一理念一直保持到今天，陕北广大地区的农村仍然保持了以家族为单位的居住方式，人们看重乡间邻里之情，即使对陌生人也毫不戒备。

第三，窑洞里没有钢筋混凝土的冰凉与冷漠。窑洞建筑一般都占地开阔，人们有着广阔的个人生活空间，足以释解心灵的压抑与创伤，与城市里因人口密集、高度拥挤而产生的离心力相反，这里更多的是人与人之间相互渴慕的向心力。还有，窑洞都有很厚的覆土，故可以保温隔热、防空防震、隔绝噪音。现代科学证明窑洞还能阻隔大气中放射性物质的影响，有效防止和消除痼疾顽症。“久居窑洞者患瘙痒、赘疣、疹子等皮肤病，支气管炎、哮喘等呼吸道疾病和风湿性心脏病较少。苏联时期医疗界曾据此试验过‘山洞疗法’。上述诸患者居于山洞，治疗半个月，其支气管疾病治愈率达84%，哮喘病治愈率竟达96%。我国医学工作者根据洞穴中特殊的微气候环境能提高人体免疫力和抗病力的特殊效果，创造了集地质学、环境学和医学于一体的新型学科。”

窑洞，以独特的优越性得以延续几千年，成为人类建筑史上的活化石。近年来，随着生态危机的进一步加剧，窑洞所蕴含的文化内涵备受青睐。后现代建筑更多地追求环境的和谐和风格的统一，注意周边的绿化，以求对自然的回归，这些不乏从窑洞中得到启示。国内外一些建筑专家还在研究我国窑洞及生土建筑，探索地壳浅层地下空间的开发利用的基础上，创造了“现代穴居”——掩土建筑。现代的地铁、地下通道、地下商城等，都可以看作是对窑洞穴居传统的改进和利用。不过，窑洞本身也有许多需要改进的地方，比如采光不好、通风不畅等。随着工业文明的大举入侵，生产力的大幅提高，以及贫苦的生活状态的消失，其灭亡的步伐正在加剧。国内好多专家学者正在积极探索改进方式，以提高窑洞居民的生活质量，并且在窑洞彻底消失之前更进一步发掘出其中可以服务于当代生活的古朴智慧以造福当代。

陕北窑洞在经济与科学技术快速发展以及现代化建筑艺术日新月异的今天，既被现代建筑设计借鉴，同时又吸纳现代建筑的精华元素使这一民居更加具有人文特色以及美学价值。陕北窑洞搭建了陕北人民与大自然的“和谐之桥”，必将使人们产生一种超越自然、超越自我的审美境界。这个境界中有陕北人民对于生态环境所萌发的优越感，有人与自然和谐统一的归属感，有支撑着陕北人民世代繁衍生息的存在感，更有人们为之追求不懈的审美情感。陕北窑洞无疑是人类建筑史上的一朵奇葩。

第二节　陕北窑洞审美意义探究

传统陕北窑洞是陕北这片黄土地上的地标性建筑，是陕北人赖以生存的家园，沉淀了沧桑的黄土文化。陕北窑洞不仅具有优良的实用价值，也具有丰富的美学意义。对传统陕北窑洞进行美学意义探究能展现窑洞这一建筑的独特魅力。

陕北是一片神奇的土地，这里是中国农耕文明的发祥地之一，黄帝陵寝所在，又在历史上长期处于草原民族的游牧区内，牛羊遍地。这片土地似乎就在这样的界限拉扯中寻找自己的位置，逐渐有了自身的鲜明特征。陕北人既具有农耕文明内敛的品性，又具有游牧民族的奔放开朗。这是两种矛盾的生命体验，又是同一种血液所造就的张力，既豪放又委婉，既木讷又热情。在陕北人的生活中，在看似有些沧桑的、亘古不变的环境里，充满了一种隐而不失的美。这种美表现于方方面面，但传统上的陕北，进入广大的乡村，最显眼的，尽是窑洞。

一、陕北窑洞的形态审美意义

形态指事物存在的样貌，包括形状、构造、构图等特征，是事物在一定条件下的表现形式。本论文用形态来说明传统陕北窑洞可感知的实体性形式特征，分别从宏观和微观两个角度考察陕北窑洞。形态是对陕北窑洞最初和最直观的印象，当面对窑洞的时候，最明显的感受就是窑洞在形态上所体现出来的特点。

（一）宏观

传统陕北窑洞在建筑体量上虽然不甚高大宏伟，但其在宏观形态上并不渺小。窑洞以一个整体的形态而存在，其审美意蕴涉及建筑本身以及周边的环境因素。景观环境在整体上也是窑洞的一部分，窑洞并不是一个孤立的建筑。

1. 自由的布局

梁思成总结中国传统建筑有绝对匀称与绝对自由两种建筑平面布局，后一种情况中，“如优游闲处之庭园建筑，则一反对称之隆重，出之以自由随意之变化。部署取高低曲折之趣，间以池沼花木，接近自然，而入诗画之境”。这种情况，

看得出梁思成主要指的是传统园林建筑，他总结的中国建筑平面类型中其实只包含传统的木结构建筑，但是传统陕北窑洞的布局和形态，正体现出了这种建筑布局的自由变化。

陕北村落，两三窑洞一排，组成一院地方——陕北人把院落的单位叫“地方”。陕北农村人口密度小，窑洞院落的密度也小。一般在山腰上，一家一院地方——至少是两代人的一大家，靠近山上的耕地，以及有较好的采光。所以，典型的陕北窑洞不在河谷平地，不组群集合，而总是散落山间，借山势呈立体分布状，相互之间没有次序、没有主从。传统上一院地方窑洞不多，占地面不大，远处看，山间的每个院落都是一个点状呈现。它不是封闭的点——没有围墙，只是一个点的形状，且相互之间有一定距离，略显孤单。其实一般山上的建筑，最多的是寺庙，有一种山间建筑聚落被叫作“山包寺”型，“以自然景观为主，建筑起点缀作用……建筑所占比重也比较小，而且较为隐蔽”。这正是陕北窑洞的特征。传统陕北窑洞散落在山间，正是一种“山上建筑”，对黄土山梁起到一个点景的作用。陕北窑洞院落如此自由选址，是完全依据实际地形来进行的。陕北村落多分布于山间沟壑，一条小河曲折而过。窑洞院落有的依据河流，有的依据山形走势，选址都是不规则的。一个个窑洞院落散落于一个个大小、形状不同，朝向不一的山凹中——朝向虽然须向阳与避风，但自然条件下做不到统一。另外，窑洞院落依据环境条件布置，但是院落形态本身却不占据过多的环境空间，如同在环境中能够灵活游移与自由适应一样。这个自由来源于环境形态的自由，窑洞形态与环境形态相得益彰、生机盎然。

窑洞的布局体现出的不仅是单个窑洞或院落的自由布局，也是一种整体上表现，与中国建筑重视整体的特征是一致的。“和欧洲建筑理论体系迥然不同，中国古典建筑并不追求单体建筑的宏大突出，追求类似哥特教堂式的集中式构图形式，而是更多地关注建筑之间的联系以及与自然环境的和谐……以明清宫殿和中国古典园林为例，以建筑空间构成的角度，我们可以认为是一种‘面’的构成分析，不难发现它们都遵循‘淡化单体、强调群体’的原则。”

陕北窑洞作为一种传统民居建筑，也拥有淡化单体、显示群体的特点。窑洞自由风格的布局只有在窑洞聚落中才能显示其不规则——院落与院落之间的距离、朝向、位置关系没有规律可循。如果只是单个窑洞院落，就不能体现这种自由无规律特点。虽然窑洞，包括窑洞院落都是单独的生活单位，但每个院落都位于聚落之中，作为聚落的一部分而存在。所以宏观上，窑洞是一个群体呈现，在群体中独立并且自由布局，相互之间成一个有机的组合。山间的窑洞聚落拥有一种高低错落的韵律感，远近高低各不同，犹如“凝固的音乐”。这韵律不以窑洞的苍凉稀疏、自由松散而改变。

2. 自然的色泽

“建筑的色彩如同人的衣服一样，是美感的一种重要表现。”陕北半干旱的环境，加之畜牧、耕地的需求及比较严重的水土流失，在广袤的黄土地上，只间或点缀一些绿色植被，整个地域显示的是以黄土为基调的环境色彩。

陕北常见的土窑洞，其色泽从外部看，与陕北的自然环境一致，均为土黄色。颜色是建筑物最大的外在特征，颜色很大程度决定着建筑物的外观品好。窑洞的颜色来源于窑洞的建筑材料，天然材料所至，所以是天然的、最常见的颜色。在陕北，这是窑洞必然的选择。

一种建筑与其周围环境的色彩大体保持一致是个非常特殊、也非常奇异的情况，通常是因一种目的有意为之，而陕北窑洞与环境吻合则是浑然天成。可以说，窑洞，尤其土窑洞不完全是人工建筑，而是一种半人工的建筑。土窑洞的窑壁、拱顶以及主体建筑结构都是自然土层，人工所做的只是将自然土层部分移除——挖出拱形。这个过程利用了土层的性质，并保留了土层的一大部分于窑洞的结构当中。所以，窑洞是结合了自然结构的建筑，包括自然的材料，即土层，也包括自然材料上的色泽，即土黄色。土黄色是窑洞的标志性色泽。

陕北窑洞一方面没有改变环境生态，没有改变环境的景观基调；另一方面，窑洞结构中只有窑脸外露，而窑脸所呈现的黄土色泽，与陕北环境一致。这两者结合起来，加之土窑洞深入土层，不耸立于外在空间，所以宏观的自然环境中，窑洞是内向而隐蔽的。隐蔽的窑洞依赖自然环境，环境的色泽让窑洞似乎成了一种隐形建筑，隐形于日常生活中。窑洞是普通的，又与环境融合。不仅窑洞，窑洞院落与环境也是融合的。院落是一块平地，窑洞外有块平地即可以判断这是一个院落。陕北的窑洞院落，一面是窑洞，其余三面开放，并没有围墙，无拘无束，也没有院落边界的标识。院落与环境的融合让它也变得隐形：一方面，院落中的平地由原生素土夯实，和周围的山梁、窑脸的色泽一致；一方面，院落的开放式形态，没有边界、没有标识的特点使其与周围环境没有交割；另外，院落与窑脸垂直，远处观察，容易因角度的原因将二维的院落看成一条直线，好像窑洞之外并没有什么。院落的隐形是窑洞隐形的背景保护，窑洞本身、窑洞之外都是自然环境的一部分。好的建筑总能与周围景物协调，并且不影响周围的景物，天安门前的永久观礼台是一个例子，陕北窑洞也是一个例子，但后者是无为所致。窑洞可以隐形，院落可以隐形。这种灵动建筑，虽然色泽不甚艳丽，但凸显了神奇。

3. 清晰的形象

虽然陕北窑洞与自然环境色泽近似，视觉上堪称隐形，但陕北窑洞的形象显现却是非常清晰的。如果隐形是窑洞在宏观上所具有的“虚”的一面，清晰的形象就是其“实”的一面，“虚实法所构成的民间住宅意境奇幻多姿，错落有致，时而语浅意深，明白如画，时而杳冥恍惚，深不可测。”这种相互矛盾的有无、虚实之间的反差使窑洞的形象活泼可人。

由于土黄色的基础色调，一个陕北村落在山梁山峁间，仿佛是撒下的一片黄豆，而窑洞，尤其窑洞的拱顶就是每一粒黄豆上细小的曲线。窑洞的拱顶形状在山梁山峁之下虽然非常细小，但其特有的拱形是自然景物所不具有的，这是最明显的窑洞标记。但是，上述说明，窑洞的颜色与山体颜色一致，窑洞的拱形颜色与山体也一样，如何分别？这里有一个关键，就是窑洞的窗户。

陕北窑洞大门大窗。其实，窗户虽大，而全部用木质窗格分割，不刷漆——自然的颜色。窗格很密，白色的糊窗纸日久发黄，与窑脸颜色混合。窗户不明显，与窗户形状相同的窑拱也就不明显。那么窑洞如何清晰显现呢？窗户是可以打开的。当窗户关闭的时候，窑脸、拱形窗户、包括窑洞的周围环境都趋于相近的颜色。但陕北窑洞的大窗户，可以开闭的就有槛窗、顶窗、脑窗。窗户一打开，远处看，窑内光线不如外界，窗口黑暗，与土黄色是一个明显的对比，且是方形窗口的暗色块。由这个方形色块，进而可以辨识窑洞拱顶下窗口的阴影曲线。阴影弯曲细小，但有窗户的指引，会显得非常清晰——这就是拱顶，就是陕北窑洞。方形的窗户与拱形的窑洞方圆相济，方在圆之内，像不规则的铜钱，细碎地撒落山间。

另外，窑洞的院落之间有小路连接。小路连接成网，在景观中是曲折的白线。白线没有断开处，不是自然界的线条，也不像没有断开处的河流。小路的连接，让相互独立的窑洞院落合在了一起，成为网络上的一个个节点。节点与节点之间有生命的信息传输，负责传输的正是窑洞居民。窑洞是有生命的——有脉络与其他窑洞连接，有生命的窑洞白天开着窗户，远远望去，清晰可辨。陕北窑洞就是这样一种在环境的融合下也能清晰显现的建筑，虽然窑洞的形制不如楼厦般挺立——楼厦使环境变次要，与景观争高低，让自然景观缺失了威严与崇高的意义。

传统陕北窑洞在宏观上是与自然环境相连的一部分，无论窑洞的隐形还是窑洞的清晰都是自然环境的体现：隐形是因为与环境的近似与融合；清晰是因为与环境的不同而做了环境的一种点缀，但又不影响整体的环境景观。

4. 灵性的曲线

陕北窑洞的标志性特征——拱形形状，在山梁山峁下，或者在梁峁山腰，神似山中的气孔——山里藏风聚气，而借助窑洞轻松一下自己。窑拱更像山的眼睛，陕北人用于窑洞的量词“眼”，是非常形象的称谓，也是非常活泼的比喻。陕北是一个多梁峁、多山的地方，山是陕北人的生活环境。陕北农村沟小山大，耕地在山上，物产在山上，人的活动空间在山上，居住的窑洞也背靠深山。对于陕北人，山既是一个依靠，又是一个屏障，保护了山里人的宁静。山就像大地的骨架，有其气脉来源，有其灵性，是为山神。而在形象上，陕北黄土山梁的灵气来自窑洞。

窑洞在陕北，是山梁山峁灵动的力量，而自然环境以山梁山峁为主，窑洞也就是陕北自然环境中灵动的力量。窑洞在以黄土色调为基准的整体环境中，是一粒粒、一颗颗弯弯的、铜钱一样的。西班牙建筑师高迪认为，直线是人为的，只有曲线才是天赐的，是有意味的曲线。在山梁的巨大曲线之下，散落的窑洞曲线星星点点、玲珑活泼。山梁广袤苍凉，窑洞细碎温馨，窑洞里住着陕北人——窑洞曲线在山间显示着陕北人的存在。窑洞里有人的眼睛，人的眼睛通过窑洞浏览的陕北风貌，存在于作为山的眼睛的窑洞之中。“中国人一向将大自然认作自己的母亲与故乡，在文化观念中由于自古生命哲学思想根深蒂固，认为人与自然本身是血肉相连，同构对应的。”人是环境的生机，人处于宇宙生命的中心。

另外，窑洞建筑的特殊性也在于其庞大的围护结构，围护结构甚至可以是整个山体，而山体与山体相连，因而可以说窑洞建筑结构广大无边。无论土窑洞还是石窑洞都有围护结构，石窑洞由土窑洞发展而来，其围护结构，比如脑畔也遵循土窑洞的优点。围护结构使窑洞在结构上的体量剧增，以人力之小而使连绵的山梁成为居所的一部分，这个力量何其神奇。窑洞与自然环境的融合不只是一种协调，窑洞的结构组成就是环境本身，这个结构可以向自然无限延伸。所以，人在感受窑洞的同时也能将感受到延伸至外界的自然环境，不仅窑洞，人与自然环境也是相互融合的。

（二）微观

宏观论述窑洞的审美意义须联系周围的环境，而微观上则是窑洞与人近距离的接触中所表现出的美。如果说有巨大围护结构的窑洞是一个广义的窑洞，那么将这个围护结构缩小至人力所及的地方就是狭义的、微观上的窑洞。微观上，窑洞的美可以分为窑洞外部的美和窑洞内部的美两个部分。

1. 窑洞外部

这里，微观上窑洞外部的审美感受发生的场所是窑洞的院落。站在窑洞院落中，窑洞外部的形态结构即映入眼帘。

(1) 严整的气质

陕北窑洞，三眼五眼一排，院落里对窑洞的观感与远处宏观上的观感不同，不是后者那种自由感的变化，而是有一种严整的气质，但不是气势——窑洞，即使陕北大石窑，单独或组合形式，格局也不庞大，一家人够用足矣。虽有一些特别大的窑洞，像机库一样，但那样的尺寸已经不能说是窑洞了。

窑洞成排，其气质在于在同一个立面上布置的拱形的齐整划一。如果一排五眼窑洞（五眼窑洞是陕北传统上，一排窑洞眼数比较多的、同质的拱形结构）相互密集靠拢，在干练的窑脸立面上，排列如阵形。弯曲的拱形线条一旦齐整地列为一排，就会减少其伶俐，变得一丝不苟。再者，远近不同处，对拱形曲线的感受有差别。接近窑拱，远处看来细小的弯曲变大了，曲线变大变长，减小了对弯曲的感知程度，玲珑放大变平直。所以，在远与近的对比、曲线与直线的对比、玲珑与严整的对比中，窑脸立面的气质自然而然地呈现出来。

(2) 立体的层次

陕北窑洞在其外部，只能看到窑洞的一个面，这唯一一个面即窑脸。窑脸集中呈现了窑洞的“脸面”，其意蕴除了窑脸平面的拱形曲线外，还有窑脸的层次感。

一般来说，传统陕北窑洞的窑檐比较小，最为讲究的窑檐叫“穿廊挑石”。所谓穿廊挑石的在窑洞脑畔上向外挑出数十根条石做骨架，上留凹槽，用木材横向嵌入条石，上盖石板，完成窑檐。有的砖窑洞是垒砖挑檐——脑畔用砖层层叠加，向外突出窑檐；窑檐简陋的是窑檐石，直接在脑畔上盖一排石板。穿廊挑石挑出窑脸一米左右，但不能增加窑脸的层次感。窑檐石挑出更小，对窑脸的影响也更小，甚至很多窑洞没有窑檐。

窑檐的次要位置使窑脸更为平整，更有一个整体的形式感。一个整体的形式感需要拥有层次的基础，层次是在一个整体上的层次。相对平整的窑脸上，窑洞的外部层次表现在窗圆口上。窗圆口是窑间子和窑壁之间的一段距离，它的深浅就是窑间子——即门窗——凹回窑洞之内的深浅，一般有一尺左右。对于传统陕北窑洞，窑洞的拱形曲线一方面由窗户的形状凸显——窗户填满了窑口；另一方面，窗户凹回窑壁，从而在窑脸上留下一个阴文状的拱形痕迹，让窑壁与门窗分处在两个平面上，正是这两个平面构成了窑脸的主要层次。虽然窑檐较窑壁更向外突出，但突出的面积小，不影响整体。

窑脸的层次对窑洞外部做了一个肌理分明的刻画，使窑洞更具立体感。窑洞不同于一般建筑，一般建筑是三维立体的。而窑洞，尤其伸入土层的窑洞，只有一面向外，不进入窑洞中不知道窑洞的体量。窑脸的层次如同雕刻，刻画出窑洞的拱形线条，即刻划出了窑洞的存在感。

(3) 生命的意蕴

窑洞的意蕴不仅来自形态线条，也来自窑洞之内的陕北人。宗白华说，美与艺术的特点是在形式、在节奏，而它所表现的是生命的内核，是生命内部最深的动，是至动而有条理的生命情调。

窑洞的营造阶段如果没有安装门窗，外部对此建筑的直观感受就是一个拱形洞穴，无论土窑洞还是石窑洞。陕北可以见到许多洞穴，有天然的天阱，也有用于存放杂物的人工挖掘的山洞。“窑”和“洞”的区别在窑上有门有窗，否则，无论如何精美都只是洞穴。窑洞的美不是洞穴的美，二者完全不同。洞穴不是生活的场所，不是可以久居其中的空间。没有安装门窗的窑洞就是一个洞穴。洞穴有一个开口，开口的大小就是洞穴的大小，直来直去。在多风的陕北，洞穴不会带来温暖。

远处，窑洞的拱形曲线相对于山梁显得活泼玲珑；而在跟前，如果只有窑拱而没有门窗的话，则人处于一个洞口之下。裸露状态的洞穴是不完全的窑洞，没有门窗就没有人居于其中。不完全的窑洞在审美意义上会大打折扣。

窑洞的美感包含生命的意蕴，安装有门窗的窑洞才是窑洞。门窗的安装使窑脸结构得以形成，窑洞之内的空间得以形成，人的空间和人的位置得以形成。窑

洞安装上门窗就收回了生命的气象，其整体形态得以饱满充实。

2. 窑洞内部

窑洞是一种内向的建筑形式，尤其靠崖的土窑洞，其主要部分伸进了土层内部。传统陕北窑洞的意义在窑洞内部，须进入窑洞才能感受。进入窑洞，就是另一个世界。

对于陕北窑洞的美学意义探究，身处窑洞的部与内部的感受非常不同：处在外部，更多的是旁观——窑洞是面对的一个景物，是面对面的关系；处身窑洞内部，则窑洞围绕在周围的每一个位置上，不留死角，不只是面对面的，更是占据了所有的方向，是对一个整体世界的感受。

(1) 气息深沉有涵养

走进窑洞，如果是土窑洞的话，窑洞之内的第一印象必是黄土。稍好一些的土窑洞，窑壁上涂抹灰沙，显暗灰色，但在一般的窑洞里，窑壁是土黄色的。并且，窑掌是土黄色的，地面也是土黄色的，炕是土黄色的，灶火也是土黄色的，一派山梁山峁间的自然色泽感受。虽然窑洞内黄土多，但是没有尘土。土的感觉是一种颜色，并且在颜色下，是涂抹在墙壁上黄土成形时的肌理——朴实的颜色、朴实的肌理。

除了土黄色，陕北窑洞内的另一个色调是石灰色——石头的颜色。窑洞内的石头不及黄土涂抹处多，但在炕沿——装炕沿石，在锅台——灶火上平面，在仓子——放粮食用的石制容器，在石床——用石板做面的桌子上，所见尽是石头，都是石灰色。土窑洞里，黄土和石材是建筑结构及物件用具的主要组成材料，“黄色和青灰色是窑洞的两种主色调”。虽然土黄色更为基础，但石灰与土黄一道，体现着传统的沉稳。

法国建筑师勒·柯布西耶说过，“色彩是被遗忘了的巨大的建筑力”。土黄与石灰虽然单调，但是窑内的土黄色，有时在各个位置深浅不均匀，有跳跃，整体又很协调，没有哪里显得突兀，石灰色也一样，而且土黄与石灰是自然界的色泽，两者在自然环境中交织存在，在窑洞内则显得深沉有涵养——色泽之间缓缓过渡，慢慢回旋，悠远而绵延，非常平和、亲切。两种色泽都不甚鲜艳——鲜艳夺目也不适于陕北人的日常生活，所以土黄与石灰主要表现的不是色泽，而是一种氛围。窑洞内，通过这种氛围可以感受到一种安静，透露着深沉的气息，安静地透露着美，醇厚而稳重。

(2) 线条简洁神奇

窑洞内，除了色泽朴实，还可以发现窑洞结构上的线条比较少。一般建筑，房间是一个多边体空间，每边一个线条，而窑洞内没有窑顶和窑壁的界线，少了几条线。窑顶和窑壁平滑过渡，其间虽然有一条“腰线”，将窑顶的拱形曲面与窑壁的垂直立面分开，但曲面与立面之间没有夹角，是个不分彼此的柔性过渡，让窑洞柔和许多。

抬头仰望窑顶，在没有线条做参照的情况下，不易分辨窑顶是否为一个完整的拱形结构，直观感觉就是一片土黄。不清楚窑顶的结构，就不好分辨窑顶的高低，尤其陕北传统的大拱顶窑洞。窑顶形状的不可琢磨让眼前失去了距离感，有些眩晕。要想停止它，须寻找一个坐标，将视觉定位，比如窑掌或窗户的位置——二者分别是窑洞前后两个平面，即窑洞的竖向截面，截面也是一个拱形，显眼的是边缘的拱形线。窑掌的拱形线是窑内唯一一条墙壁上的界线，一条清晰的曲线，而窗户上的拱形线则因光影而显得凌乱。拱形线起到了定位的作用，使仰望的距离感、眩晕感定格在窑掌或窗户上，一切重新各就各位。

窑掌和窗户的两条拱形线，在结构上是窑洞内不同平面的转折。在形式上，两条曲线像支架一样撑起了窑顶，以极简的线条驾驭苍穹一样的拱顶。所以，曲线不仅为窑洞缓和了失去顶上距离的魅惑，同时也定义了窑洞的形状。

(3) 上下方圆相济

从窑顶回到地面。传统上，陕北窑洞的家具陈设不多，主要是各种方形的箱子，另外，仓子、灶、火炕都是方形的。地上被这些大大小小、简单素朴的立方体占据着。色彩简单素朴，线条简单素朴，陈设之物也是简单素朴的：窑洞适合这些物件，这些物件也适合窑洞。两条拱形曲线是窑洞上半部分的格局体现，所谓“上圆的造型似腹形，体现人们寻求大地母亲的庇护”。而在地面，主要体现的则是方块，是方形的线条，包括窑洞地面也是长方形。拱形曲线与方形折线的组合，上圆下方，方圆相济，天圆地方。窑洞之内是一个奇异空间，有自然的色泽与线条，而且空气沁润着黄土的气息——窑洞里仿佛是另一个自然界。上文所述，在某种意义上来说，窑洞是一种地下建筑，处身窑洞之内就是处身大地之中。窑洞居民在大地之中感受着大地，通过大地与外界环境连接。伸进自然界之中理解自然，窑洞之内的陕北人即是这样——感受由内而外。

“中华民族审美理想有两种，一是简约、恬淡，二是繁复、华丽。这种区分，

始见之于南北朝时钟嵘的《诗品》。”陕北窑洞可谓简约恬淡的典型。窑洞内的景与物以最接近自然的朴实无华服务于陕北居民，而窑洞里的自然气息也远非原始环境的穷凶极恶——窑洞内，人与自然的关系稳定而和谐。

二、陕北窑洞功能的审美意义

古罗马建筑师维特鲁威曾指出，建筑有适用性、坚固性和美观性三个特征。建筑在早期，其意义重点在于功能性表现，“从发生论的角度讲，建筑是由生存（生活）对空间场所的需求而产生的，这种需求是现实的，它和生活对油、盐、酱、醋的需求没有什么区别”。建筑的使用者往往更注重使用的舒适度，而不会过多关注建筑的艺术风格。黑格尔哲学认为建筑是象征型艺术，是最早最低级的艺术类型之一。但是后来，在建筑的功能性之上，逐渐产生了对于功能结构的审美需求。于是一方面用美学标准设计或装饰建筑，另一方面也发现了功能结构本身的审美意义。

陕北窑洞的结构，包括窑洞内外日常生活中的器物、用具，它们的形制是依据它们各自的功能作用来规定的，首先须满足功能上的需要，但不仅仅停留在功能、使用需要之上。有意无意间，这些结构、器具的造型也渐渐拥有了审美意义，所谓“产品的功能不仅要适应人的物质需求，而且要适应人的精神需求。适应人的物质需求的是产品的使用价值，适应人的精神需求的是产品的文化价值、审美价值”。产品在这里可以做物品用。

使用功能上衍生的审美意义，有一部分与器具的使用功能密切相连，没有使用功能就没有这部分美。本论文着意的是结构、器具的形式，这个形式由功能需要产生。产生这个形式之后，它一方面具有功能意义，另一方面也具有审美意义。使用功能对器物形式来说只是一个诱因，形式也能超越功能，具有单独的审美意义。

（一）窑洞构件

传统陕北窑洞的部分结构构件拥有丰富的审美特征。窑洞构件一方面支持建筑结构，另一方面，其形成的一些形式潜移默化地蕴含了美学意义。历史的长久积淀增加了窑洞结构的意义，使人与窑洞更加融合无间；并且，人们主动地对美的追求也让这些窑洞构件不断朝着审美理想趋近。但在相当长的时期内，形式的变化还是比较稳定的。

1. 窗格子

窗户“一方面是要与自然界相隔绝，就是围护和隔离的功能；另一方面又要与自然界相交通，就是采光和通风的功能”。明亮的大门大窗是陕北窑洞的显著特征，也是陕北窑洞的象征之一。陕北窑洞的窗户填满了窑洞的拱形截面，除了门和下边的窗台，窑口全被窗户占据。

采用这种大窗户，首先是功能上的需要——采光好，通风好。陕北多光照、多风，陕北人爱阳光、爱清爽。除了功能，大窗户还有十分特别的美学意蕴，“窗洞与窗饰，是陕北窑洞民居中最讲究的装饰部位”。整体上，窑脸体现出的是土石结构的厚重，唯有窑拱之内的窗户使风格为之一变，换作了木结构，显得通透活泼。窗户是一个整体构造，包括门和窗台——门窗都是木制的，是窑洞内外之界。所谓整体式窗户便是如此，门窗相连。这个整体式窗户的木框架与窑洞一样呈拱形，满拱大窗，仿佛窗户不在窑洞之下，而是升起的黄土峁，温润圆滑。

窗户的拱形结构之内，有大的横竖框架将拱形分割，即为方形天窗、槛窗的开口处。方形嵌在拱形内，与拱形对比显得舒张。大的框架之外是密布的小窗格子，用来糊窗纸。窗格子用传统建筑的榫卯结构组合，没有其他黏合材料，且陕北窑洞的窗户一般不涂漆，保持木料原色，更加突出了窗户单一的木质质感。构成窗格子的线条种类很多，水平线、垂直线、对角线、波状线、弧线、曲线、叠线等都有使用。但是传统上，垂直线与水平线用得最多。两线相交，既形成了窗格子造型的基础骨架，也象征着两种力量的转化。密布的格子线条在窗纸的衬托下——白色的窗纸，像鸟巢一样疏密有致、玲珑精巧。

传统的窑洞，窗格子上没有玻璃，都在里面贴白色的麻纸。一方面，传统社会难以获取玻璃，窗格子和窗纸的组合是古老习惯的延续，也是审美习惯的延续；另一方面，窗纸也有一定的实用优势，比如纸较玻璃透气，窗纸上不凝结水汽，不会日积月累地腐蚀窗户。贴上窗纸，里面看，窑口一片白净，窑内流露出素雅与纯洁。相较于玻璃的坚硬透彻，窗纸与木窗格的柔性结合更显亲切。特别的窗格子上还会有木刻符纹图案附于其上，图案种类多样，一般具有对称性。“英国美学家赫伯特·里德将对称的形式分为两种，即：绝对对称和相对对称，这与中国艺术中的对称与平衡观点基本一致……陕北地区的窗格子在其经营布局中，绝大多数属于‘绝对对称’的形式，即整体图式被‘+’或‘×’等骨架划分为四个或四个以上的基础单元，并均匀地分布到画面的相应位置，给人一种恒稳、严

谨、扩张、平实的力度感。还有一部分则可归属为‘相对对称’形式，即图式被‘–’或‘|’线分割成上下或左右两方面的对称，给人一种活泼、委婉、新奇、生动的灵感感受。”风格活泼的窗格子本身就对单调的陕北窑洞起一个装饰作用，加之附合的对称图案，其无疑是陕北窑洞美学意义的一个重点。

2. 拱头线

拱头线是指在窑脸外壁上，沿着窑口的拱形外缘所呈现出的一圈线条组合。鲜明的拱头线是传统陕北窑洞的一个重要特征。

拱头线是在营造窑洞主要结构——拱顶的时候形成的。先搭建窑券，窑券上密排一层砖石，形成贴窑券的一个拱形壳，就是拱顶的构造，其外露在窑壁上的砖石叫拱头，砖石的缝隙就是拱头线。陕北窑洞的拱形壳厚度在50厘米左右，拱头线即将窑拱的外缘扩出50厘米。拱头线在砖石窑洞上非常显眼，外壁其他部分所砌砖石的直线条排列，让拱头线的曲线部分独显特别，仿佛窑拱的一圈外晕。清晰而整齐的缝隙，像花开般明艳。另外，土窑洞上也有拱头线的一些特征，土窑洞的拱顶结构非经垒砌而成，没有垒砌的痕迹，但土窑洞需要在窑壁上对拱头部分进行处理——一般用草泥涂抹，达到坚固表层的目的。处理过的拱头处平滑细腻，一直延伸到窑洞内，在保护边沿的同时也起到了美化窑洞的作用。拱头线不尽相同，简单的拱头线，在营造窑洞的时候不考虑形成的砖石缝隙的样子；讲究的窑洞，则在营造时特意在外露的拱头边沿将砖石排列成一定的形式，形成不同的缝隙线条。这样做，一方面在结构上非常妥当，没有增加多余的东西，另一方面又体现了别具一格的审美意蕴。还有一种拱头线更加精美，为砖雕或石雕，是在拱顶结构上外加了一层装饰结构，变成纯粹的装饰物了。拱头雕刻在欧洲拜占庭、巴洛克等风格的建筑物上有广泛的运用，在窑洞上，一般多见于山西，陕北窑洞则非常少。

拱头线从地面开始，将整个窑洞的窑拱围绕一周。垂直的地方，拱头线因与窑壁其他部分的直线条相同而被融合，一直到拱形曲线部分才从融合之中分离出来，由直线变曲线，由融合变鲜明，在窑壁上指示出窑口的位置。拱形曲线是窑洞最鲜明的特征，拱头线围绕于拱形曲线之上，将一条细线变成一簇线条符号，将细细的、分割空间与墙面的拱形线条加粗、放大，也放大了窑洞的拱形特征。它不仅是机械放大，还有美感的扩充，后者才是真正放大拱形特征的原因。

拱头线非常好地结合了实用和美观两方面的需要，在实用的基础上达到了美观的效果。拱头线表现的线条符号也标识着窑洞与洞穴、人工与自然、居住环境与山野景观的区别。只要是窑洞居所，就会有拱头线，有拱头线，窑洞便不是原始的穴居山洞，而是成熟的、传统上亲切温馨的家园。拱头线的艺术化形态标示着人的存在，拱头线下的窑洞才是有生机、有人气的窑洞。

另外，雕刻的拱头线虽然精美，但是人工痕迹过重。对于窑洞，尤其是融合外界环境的传统陕北窑洞来说，有意为之反而降低了与自然的和谐程度。陕北窑洞结构上的砖石缝隙所形成的拱头线图案，看似无意，实则浑然一体。

（二）窑内陈设

窑内的陈设是指窑洞内部，即陕北人说的家里的器物用具。传统上，陕北窑洞内的陈设布置简单朴素，家具、日常用品非常有限。在这种简单朴素、数量有限的实用物中，有一些，单独来看还是非常具有审美意义的。

1. 炕与灶

传统陕北窑洞内，占据最大面积的是火炕。火炕一般有两种，一种是门前炕，位于进门靠窗的地方；一种是掌炕，位于窑掌。给火炕供火的是灶火，也是做饭的地方。陕北窑洞厘的陈设是以火炕和灶火为中心来展开的，“在窑洞居室中，炕和灶是其中最主要的生活设备和活动区域”。

火炕和灶火堪称一对结合物：“一般炕头和灶头是挨在一起的，当地有句俗话叫‘锅台挨炕，烟囱朝上’。”两者相互配合，火炕内是空心的，灶火通过火炕连接烟囱。灶火里的炊烟经过火炕，使炕面和窑内升温。

火炕和灶火都用砖石砌成，是窑洞内的固定物件。营造窑洞的时候需要同时做炕灶，炕灶虽然不是窑洞建筑结构的一部分，但它们与窑洞是共生的。陕北窑洞是一个综合利用的空间，传统上，一眼窑洞之内既是卧室、又是厨房，当然也是餐厅与客厅，火炕与灶火之间就是最大的功能区分。所以，窑洞内虽然有些拥挤，但氛围和谐，其乐融融，各种功能空间互相穿插流动，生活、享受有条不紊。火炕与灶火的特点都是平而大，这是由其功能来决定的。在陕北，一家五六口人在一个炕上通铺休息，温暖、平坦的大火炕也是陕北人日常活动的最佳场所，尤其门前炕，由于靠着窗户，光线好，所以吃饭、娱乐一般都在炕上。

由于人多、炕大，灶火自然也就大了。不仅灶火，灶火上的锅以及锅台上放着的碗也大。锅在灶火上搁着，碗在锅台上、炕上放着。方形的灶火、火炕，圆形的锅、圆形的碗，相互之间大而结实地组合在一起。大方、大圆与大窑洞，体现着陕北人豪爽的一面。

2. 箱与罐

传统上，在陕北窑洞的窑里，所谓的“家具”主要有两种形式：一种，如上文所述，是各式各样的箱子，另外一种则是各式各样的罐子，包括瓮——瓮是一种大个头的罐子。

陕北聚落位于穷乡僻壤者居多，窑洞建筑本身不甚精致，在有限的能力下，窑里的家具陈设也是最大限度满足实用功能而已，这也有与环境相适宜的考量。窑里窑外，包括窑洞的结构本身都是朴实的风格。家具主要的作用，一是放日用东西，二是放食用东西。陕北窑洞，前者用箱子解决，后者用罐子解决——罐子可以密封，非常简单，非常实用。传统的箱子，有平箱——开口在上，有门箱——开口在侧，像门一样，其实接近柜子。罐子的种类更多，有的是瓷器，有的是炻器，但都不甚精美。大者是瓮，放水的水瓮，一米多高，还可以放粮食，腌咸菜；中等的腌咸蛋，放细粮；还有小的，可放调料等等。

从形状上看，箱子是方形的，大大小小各种方形。箱子上都没有明显的突出物，各面平整单一，但加在一起并不单调。传统的陕北，箱子数量不多，两个、三个或者四个，放在架子或是垒的台子上，也可以摞在箱子上。箱子大小不一，但最好的是成对的箱子，而大部分做不到齐整，几个箱子就是几个方块，不同的方块高低错落地摆放在窑洞里。罐子是类圆形的器物，有各种具体样式，也有成对的样式。一般是不同的罐子三三两两放在一起，靠墙接地。民以食为天，罐子的数量远多于箱子——碗也是一半罐子，使用的频率也要多于箱子。

有时罐子可以充当饭煲，送饭去外边。如果说陕北窑洞内，箱子的大小还相对一致的话，罐子大小之间就差别巨大了，虽然它们都归一类；如果说箱子之间错落跳跃，那么罐子之间就是反差，同一类器物对比有明显的反差。把箱子和罐子放到一块，将窑里的“家具”凑到一起，一方一圆，一跳跃一反差，别具生气。与窑洞方形的地面和圆形的拱顶相拼接，箱子则仿佛生自地面，渐渐起立；罐子仿佛由拱顶掉落，掉落不均，反差鲜明。

从颜色上看，陕北传统上的箱子喜用红色，又叫红箱，与剪纸所用的纸红一样，都是一种陕北格调。对比于深沉的环境，突出一种能动人为的意义。箱子的体量大，若是崭新的红箱，必然光鲜亮丽，散发的色彩在陕北窑洞内无与伦比，会成为注目的中心。而罐子，则颜色变成另一种风格，一般用黑釉，乌黑透亮，也有棕色釉的，总之颜色要深，与箱子不同——箱子放在高处，罐子则直接放置在地面上，更易污浊。深色的各种罐子与地面整体色泽一致，放在地上，就像固化在地上。箱子与罐子，一方一圆，一红一黑。红黑象征激情，红黑两色在窑内不均衡的分布也是一种拉扯，拉扯情绪，融入眼前的环境之中。

陕北窑洞内，东西是比较零散和随意的。与锅碗及火炕开放式的方圆形式不同，箱罐都是封闭的物体，一方一圆，一箱一罐将松散汇聚，收入囊中。

（三）院落布置

窑洞外面的院落中，有一些实用物件也具有一些审美意蕴，比如碾子、磨，以及一些棚架结构。这些物件在院落里除了功能上的用处，也有充当景观建筑小品的作用，使院落空间更有韵味。这对于院落、对于窑洞建筑都是一种点缀。

1. 碾与磨

陕北的院落一般都会有两个体量非常大，非常显眼的石器，即永久的、露天放置的、加工粮食的工具：碾子和磨。在陕北，碾子象征青龙，磨象征白虎，这两个名字过年的时候要出现在为碾子和磨所贴的红纸贴上面。

碾子和磨用处相近，但不同。前者用来碾压粮食，蜕掉粮食外面的壳儿，或者将玉米等压成碎粒儿；后者用来将粮食磨粉，有的也可以磨浆，比如磨豆腐。碾子是石磙子围绕中间的木轴转动，但磙子的转轴水平于地面；磨是两块磨盘石水平放置，中间的缝隙用来研磨粮食，转轴垂直于地面。两种不同的旋转方式，由人畜用力，在地面上推杆转动。人畜在地面上的转动行走、石磙的转动、磨盘的转动，不断描画与积累着在交错的空间平面上的一圈一圈曲线。劳作一旦开始，转动就不会轻易停止。

碾子和磨是石制的一对工具，为了使用方便，安放时有一定的位置：碾子形制大，位于院子的东边。陕北的河流流向自西向东，东边院子可能在某个时期面积较大，可以安放形制大的碾子，是为左青龙。青龙朝水，碾压的粮食未成粉状，尚有青色。磨形制小，西边院子小，安放形制较小的磨，是为右白虎。白虎入山，与河流的流向相反，将粮研磨成白色粉末。另外，碾子和磨要对着窑腿，不能正对门窗，这样不会影响窑洞出入。可以看到，上面的讲究是从功能上得来的风水习俗，都有使用方便的考量。

窑洞之前，就这样安放两方重达千斤的石器——若土窑洞，则院子仅有的石制器物即此二者——一左一右，对称布置着。陕北的院落一般没有大门和围墙，

没有石狮守于大门两侧，而传统艺术重意不重形，两个生活生产用具，因其石料质地和厚重的体量，因其在窑洞前面对称的布置，也因其具有的象征意义——左青龙、右白虎，所以可以忽略碾子和磨作为工具的具体形式，而将其引作镇守窑洞、承压院子的一个标志，一种抽象有意义的标志——中国的狮子雕刻就是抽象化、艺术化的展现。两尊石器“蹲坐”于陕北的乡村院落，朴而不拙，突显神奇。

2. 棚与架

陕北的院落还有一类辅助性的简易建筑物，比如，圈牲畜的棚子，晒晾和存储玉米棒子的架仓。这些辅助性的棚架看起来不起眼，但在它们的实用基础上，放在陕北窑洞整体的建筑组合中，仍然具有浓郁的美学意蕴。

玉米架仓是陕北独特的一种农家用具，地上插四根木桩做立柱，在距离地面一米多高的地方搭建一个方体框架，四面围上木棍，形成“架上的仓子”。仓子要通风，木棍不必太密，在玉米棒子不漏出来为准，然后再搭一个不渗水的顶棚。玉米架仓虽然是一个简易性架子，却是永久立在院子里的。牲畜棚是农家院子常见的功能性构成，陕北也很常见。这种棚子也是简易性的，陕北没有固定的形制，但同样是木结构的，木桩柱，加上茅草顶棚。牲畜棚子一般背靠土崖，两侧砌墙，但不至顶棚。其正面敞开，有马厩等，是一个半封闭的空间。

与牲畜棚子的半封闭不同，玉米架仓是一个封闭的空间。其在院子里，四根立柱是四条支撑腿，上面的立方仓体是一个容器，顶上戴防雨盖儿，整体似端放着的一尊木鼎。仓体上，木棍的间隙就是鼎上的纹路，横向排列，不甚规整。有空隙纹路，这尊鼎就不是全封闭的，其四面透气，仿佛轻飘飘的一个鼎形纹样的影子——鼎的实体结构好像被抽去了。但是，到了收获的季节，到了架仓里填满黄灿灿的玉米（玉米黄比高原的土黄更加鲜嫩明亮）的时候，那尊木鼎的纹路就变成了这明亮的黄色。耀眼的色彩由内而外透露出来，一个封闭的空间却封不住这样的色彩。黄土地上生长的粮食以更鲜艳的精华骄傲着。一鼎立于此，骄傲从鼎里散发出来。

架仓一般设置在距离窑洞稍远的院子边上——陕北叫界畔，这样更有利于通风。窑洞在半山腰，山下也能明显看见界畔上独立的这方架子——周围没有什么与之争高低，也是一个显眼的丰收标识。而靠崖的牲畜棚子，对比起来则要低调许多。牲畜棚因其没有固定的形制，搭建十分随意，所以意蕴不够，但是放在陕北窑洞院落整体的功能结构布局中来看，牲畜棚子是一个不可缺少的组成环节。

首先，从棚与架的位置来看，玉米架仓远离窑洞，牲畜棚子也要远离窑洞，棚架之间还不能太接近——一个牲畜，一个粮食。所以，棚架结构是在碾子与磨外围的又一重组合——碾子磨盘能做石床用，离窑洞近。陕北的院子里，东西不十分规整，但不规整之中，也能自然而然体现一种规矩和协调，在不规整中有条不紊。其次，玉米仓架是一个既漏且透的空间，牲畜棚子更不用说，也是敞开的状态。这样的状态可以空穴来风，甚无阻挡。碾子与磨，则是实心重物，岿然不动。碾子与磨在院子相对中间的地方，聚集着院落以及窑洞的力量，这力量又通过院子边缘透漏的棚架散发。一实一虚，一中间一边缘，循环往复，使整体的窑洞院落气韵生动。最后，棚架是木质结构，碾子和磨盘是石器，木质的轻松列于边缘，石器的厚重稳于中间，这有意无意形成的组合让院子里的东西各就各位，每一个都有了自身的意义，仿佛有机形式般体现着和谐。

三、陕北窑洞的装饰审美意义

陕北窑洞是一种典型的、质朴醇厚的建筑，尤其在乡村，一般的窑洞，少有专门用于装饰性的物件。现代主义建筑的先驱，奥地利建筑师阿道夫·路斯有一著名观点："装饰即罪恶"，不强调过多的装饰，认为没有装饰的建筑才能突出某种强烈的精神，而装饰妨碍了人们对建筑在美感上发挥想象力。这个观点非常契合陕北窑洞的特征。

不过，中国传统木结构建筑的装饰物件在窑洞的整体组成上也多有体现，比如大门、抱鼓石、影壁、匾额、壁龛、女儿墙等处的装饰，包括窑洞各处雕刻的图案符号。但是，这些一般都不是窑洞建筑、更不是陕北窑洞的特色装饰，故本文略去这些内容。以下论述几种具有代表性的陕北窑洞装饰物。

（一）刻镂

这里所指的刻镂包括两种陕北窑洞的装饰物形式：剪纸和镂雕。这两种装饰物有共同的特征，即都是从一块整体材料上去掉一些部分，余下的形成一件装饰品。

1. 剪纸

剪纸"选用纸张、金银箔等材料，借助剪刀或刻刀等工具，采用剪、刻、撕等方法，通过镂空产生虚实来塑造各种形象"。剪纸是分布广泛的民间艺术，各

地风格不尽相同。在陕北，剪纸都采用单色的红纸，正所谓“在建筑物的主要部位，常用较为鲜艳的色彩进行重点装饰点缀”。与陕北窑洞相结合的红色剪纸给了窑洞一个标志性的特色装饰，而使用红色，一来是传统上的喜庆色彩，二来显眼的红色可以使剪出的细细的镂空图案更加鲜明。

剪纸艺术在陕北非常普及，在窑洞的装饰上可谓起到了画龙点睛的作用。陕北剪纸一般在逢年过节、迎亲嫁娶的隆重时刻贴在窗户，或窑洞内外的墙壁上。窗户和墙壁，或灰白、或土黄，都是淡淡的、浑厚的颜色。除了网状的窗格子，灰白、土黄都是大片呈现的，单一而沉稳。在这样浑然一体的环境里出现了剪纸，剪纸既用大红色震荡着浑厚，又用细细的线条勾勒和切割着沉稳。一方面对比鲜明，反差强烈，给陕北窑洞以强制性的活泼与生机；另一方面，四两拨千斤，小小几方剪纸在窑洞结构上虽然细小，但是，生机和喜庆就是力量。在剪纸的衬托下，质朴的窑洞也有略显妖艳的时候，虽然这种妖艳只有在特定时刻才偶尔出现，出现了也只是微微的颤抖。

与剪纸的大红色类似的色彩还有红辣椒。陕北人喜吃辣椒，尤将晒干的红辣椒做调料。所以，在窑腿上常常可见挂着一串一串穿起来的红辣椒。这个生活场景无意中成了窑洞非常好的一个装饰，现在成了农家乐的象征。一串串的红辣椒比起纤细的剪纸粗犷不少，意蕴更加浓厚热烈。

贴在窗格子上的剪纸叫窗花。窗花除了具有上述剪纸的审美意蕴外，还因贴在窗户这一光线透亮的地方而别具魅力。窗花鲜艳的红色露在窑洞外面，贴上窗花，从外面看，如上文所述，玲珑活泼，与窗纸对比鲜明。窗花更重要的美还要从窑洞之内欣赏，阳光从窗户照射进来，透过窗格子、透过窗纸，也透过了窗花。

窗纸是灰白的麻纸，陕北传统上会抹上清油——菜籽油，以增加透光性，阳光照进窑洞，变成了白光。普通的窗格子是方形的，将阳光分割，地上的影子一格一格。阳光透过大红色的窗花照进窑洞，窗花足够大的话，鲜红就隐隐约约印在了白麻纸上，白里透红，照进来的阳光也变得微红，白光、红光交错，别有意蕴。窗户上，窗格子与窗花交织，一种黑影，一种红影，加上白色麻纸，颜色之间相互涂抹，而在窑洞里，地面上、炕上留下的格子影子、剪纸图案的脉络花纹也泛着微红。窗花点缀窗户，阳光透过窗花，其所照之处都是美——阳光将美丽的窗花散播开来，充满窑洞。

2. 镂雕

陕北窑洞的窗户体现了很多的镂雕工艺，所以这里的镂雕主要论述窑洞窗户上镂雕而成的窗格子。

窑洞窗格子从整体的结构上来描述窗格子的审美意蕴，并未涉及窗格子上的纯粹装饰物。其实，陕北窑洞的窗格子一般有两种类型：一种就是上述章节中注重结构的窗格子，不考虑或者很少考虑审美因素；另一种窗格子，则结构与装饰并重，仅从功能结构上也会流露出一定的美感。前一种类型的窗户只有木结构骨架，大的木架结构将窑口截面分成几个不同区域，每个区域再由小的十字形或交叉形的方格子填充；后一种类型的窗户，则除了直线条、斜线条的将窗户分块的木架结构之外，在分出来的每一区块上还配以雕饰构件。另外，木结构骨架本身也可以做成不同的形式，“最常见的诸如冉字纹、丁字纹、十字纹、喜字纹、寿字纹、以及七仙女下凡、蛇抱九、(十八) 颗蛋、斗底嵌云子、羊盘肠、八卦纹、方胜纹、灯笼架、灯笼嵌冉字 (或嵌云字) 等形式”。

历史上，陕北穷山恶水，但是陕北人在窑洞窗户上特别用心：一方面在宏观上尽量做到最大，占满窑口截面；另一方面在微观，即窗格子上，每一个格子体现出美感，这通过装饰来实现。装饰窗格子的主要方式是给窗格子配上各种雕饰构件，即各种镂空的纹样图案，让其在局部体现出不同的特色。窗户上的雕饰构件有两种组成方式。一种是整体一块木板，在木板上直接镂刻图案，就像剪纸一样，只是红纸换作了木板，最后固定在窗户的木结构骨架上；直接在整块木板上做镂刻对木材有很大的浪费，也比较耗费工时。但是所以，陕北的窗格子雕饰构件多以另一种形式出现，把整一块图案分而刻之，各部分雕刻完成后再组合到一起。后者不仅节约材料，更重要的，还有很大的艺术灵活性——不受木板形状的限制，可以雕刻出非常细和非常大的线条。大线条一来能将窗户平面展开，比如整个天窗由一个大的图案支配，突破窗户骨架界限的范围，甚至将窗户骨架取而代之，拥有了实用功能；二来可以扩大镂刻图案的中空面积，显得玲珑剔透。轻舞飞扬。扩大中空面积，实用意义上可以让更多光线照进窑洞，这是窗户最大作用。在这个作用下，比较大的中空面积是窗格子上的镂雕的显著特征。

镂雕图案的美学意义有两点。一方面聚焦于图案本身，欣赏图案本身的美。陕北窑洞的窗户镂雕，题材非常广泛，有象形类的——做鸟兽鱼虫的形象；有文字类的——窗格子组成祥瑞字符；有抽象类的——变化的几何图案等。具体

来说，“民间木工艺人还设计了许多造型优美的装饰图样，如云勾儿、挂钱、剑头、枣核子、石榴花、核桃仁子乱开花、小梅花、五角星等等，专门用来装饰和点缀较为古板的骨架结构”。此为镂雕饰物本身的图案美。另一方面，雕饰物的美还体现在中空空间上。中空结构有利于光线照射，如果窗户上是玻璃，则可以直接穿过图案的空隙而探至图案的背后。光线可以穿过空隙，视线也可以穿过空隙。于是，窗户对周围景致起到了一个分割、对比和过渡、转换的作用，使其相互流通渗透，有借景之妙。窗格子与周围景致相连，窗格子扩大立体了，窑洞也更加通透明快。如果是麻纸糊窗，一层薄薄的、近乎透明的纸也挡不住周围景致的气场。

所以，镂雕所镂的不仅是多余的材料，也不仅是充足的光线。镂雕不仅是“镂”，而且打开了一个虚空的心。窗户内外的景致往“心”上汇聚，“以虚带实”“虚而不屈，动而愈出”，使它们都成为窗格子的美的一部分。这样，窑洞窗户上既有实体物——不同的图案，又有虚空境——镂穿的实体物空隙。化虚为实，汇聚景致；化实为虚，化为穿过空隙的光线。所谓虚实结合、变化相生，就体现在这里。

陕北的环境中，窑洞的圆拱是一个明显的标识。圆拱之下就是窗户，而窗格子，包括纹样图案又是窑洞的一个明显标识。无装饰的窗格子远看如蜂巢，而有镂空雕刻的、被装饰过的窗格子，则找不到自然界中的对应物——局部是形象的艺术，整体上却不能说像什么，只是一面窗户，一面精致的窗户，带着人工雕琢的美。

（二）塑形

陕北窑洞拥有两种典型的塑形装饰艺术：面花和石狮。这两种塑形艺术与前述两种刻镂艺术一样，反差巨大：面花是白面做的，可以食用；石狮则是石质雕塑，坚硬无比。两种艺术形式一脆一硬，均装饰于窑洞内部。

1. 面花

面花又称花馍、礼馍，是一种特别制作的馒头，一种传统上的面食艺术。在陕北窑洞里，面花同时也是一种玲珑活泼的装饰物件。面花做法简单，将和好的面捏成不同的造型样式，上笼蒸熟后在上面点红点儿绿点儿装饰即可。陕北人在每年的寒食节这天做好面花，把面花用线穿起来，做成一串挂在窑里，晾干之后逐个摘下来，可以当干粮吃。有的面花无论在结构上，还是在色彩上，制作得非常华丽，甚至看不出来是用面做的。这种面花是表演性质的艺术作品，不是陕北通常的面花。陕北还有一种面花，是一种很大的馒头，馒头上面做一些简单点缀，里面包鸡蛋。这种面花出笼即食，只是面食艺术，不是窑洞的装饰物。

面花是食品，但主要是为了装饰——既装饰了窑洞，也装饰了面食本身。面花的材料和做法决定了其艺术特征不十分明显，是家里的一个小品。但是，“从捏制风格来看，因受面食特性影响，虽不能充分表现捏制对象的细节特征，却正因如此，更加体现粗犷生动、古朴原始的民间特色”。面花蒸熟后，之前捏制的细节会被融合抹平，就像融化了一些似的。这让面花的造型一方面粗犷，一方面朦胧，正是一种陕北民间乡野的意蕴。

陕北的这种面花非常小巧，约小孩拳头的大小。面花的造型有鱼、有鸟、有兔子等动物，也有其他的植物花卉，没有固定讲求。用线穿成一串，几十个面花合起来组成一个更大的造型，层层叠叠，如鱼龙摆尾，没有哪个面花显得单独突兀。窑洞挂一串面花已有和谐相依、鱼飞雀跃的氛围；许多串面花簇拥在墙上，景象更加郁郁葱葱。

挂在窑里的面花与挂在外面的红辣椒一样，对窑洞都是非常好的装饰点缀。红辣椒的装饰意义主要在于色彩，而面花除了点在上面的颜色，还有各式各样的动植物造型。面花在色彩上，由于都是小色点儿，就一片红红绿绿、密密麻麻；在造型上，不说栩栩如生，至少是千姿百态，组合起来又扶摇如一。深沉的窑洞里，有意无意装饰一串活泼的面花无疑具有浓郁的审美意义。

2. 石狮

狮子是一种瑞兽，狮子雕刻是中国文化吸收外来文化所形成的独特造型艺术。在陕北，石狮子对窑洞也是一种比较特别的装饰物。陕北的石狮子“以榆林地区的绥德、米脂、佳县等地的数量最多，并且最具有代表性”。而小石狮尤其有陕北的艺术特性。小石狮一方面不同于其他石狮子尊于门外镇宅，而是放置于窑洞之内的一种装饰物品；另一方面在窑洞内还有实用上的功能，但功能作用小于装饰作用。石狮子在传统的陕北社会是有祥瑞气息的比较贵重的物件，但是“它们质朴率真、粗犷洒脱的气度与质优艺巧的上层社会石脚造型，呈现出完全不同的两种审美价值取向”。所以很多陕北窑洞里都有小石狮装饰。

常见的小石狮是炕头狮，除炕头狮外，陕北窑洞里还有作为灯台基座的石狮，压鞋底的石狮，石狮枕头等，但它们都比较少见。炕头狮个头较小，高度一

般在一尺以内，属于小型石雕，有下部的基座和上部的狮子两部分近乎等分的形象。炕头狮一般用青石或者砂石雕刻，“先以洗练而大气的刀法刻画石狮整体动态，再以精巧细微的刀法描绘纹饰与神情态势。造型的表面则以阴线刻画来加强装饰效果”。石狮子固定在炕头上，即火炕的边角处，炕头狮由此得名。炕头也是其功用所在，当家里的婴孩爬动的时候，为防从炕上跌落而用红绳一头系住婴孩，另一头系在石狮子上（狮子腿间有一个空隙）。陕北的炕头狮习俗“与黄土文化的‘长命锁’习俗密切相关，民间视为孩童‘祈求平安、富贵长命’的拴娃石和守护神，又是纳福迎祥、镇邪扶正的镇宅祥瑞之物”。可见，炕头石狮是由民间信仰产生的民间艺术。

炕头石狮的形象与门外蹲坐的镇宅石狮相比，除个头大小不同外，还有两个特征。首先，整体形象上，炕头石狮的姿态灵活多变，雕刻手法多样。狮子追求自由随意的风格，可蹲可卧可立，很少有一模一样的重复。这种自由风格不仅体现在狮子的姿态上，也体现在狮子的意境上。有的石狮子呈一种写意的雕刻，不注重狮子约定俗成的普遍形式，而是故意模糊，故意变形，“它们变形而不失狮子的特征”。大胆突出一种浑厚的意境。其次，从细节上看，炕头石狮尤其重视对狮眼和狮口的夸张雕琢，其面部表情比起镇宅石狮的威严凶猛要温和亲切许多，表现得憨态可掬、稚气喜人——炕头石狮放置于窑洞内，面对家人，自然需要一个轻松的神情。此外，镇宅石狮一般为俯视或平视的视角，由高处往下逼视；炕头石狮则是扭头做出调皮的样子，眼神朝上与人交流。

炕头石狮之所以能呈现这样灵活的风格，是因为在民间艺人看来，小狮子其实是一个雕塑小品，是在正式工作之余的一种娱乐消遣。炕头石狮不是商品，正是这种非商品性质让艺人们无所顾忌，自由发挥。

（三）图画

陕北窑洞里的图画装饰不多，主要有炕围画和布堆画两种典型：前者是绘画，后者是图案。后者的画面不是绘制上去的，而是用碎布拼接出来的。

1. 炕围画

窑洞里，在火炕周围的窑壁上围着一圈高度一米左右，经仔细涂抹过的细泥面，泥面上再抹蛋清以显得光滑或者只贴一圈壁纸。这个保护面可以减小对窑壁表层的擦碰，也使炕上被褥不至于弄脏，这就是炕围子。

陕北人非常讲究炕围子上的装饰，一般要在上面布满图案，炕围子上的画就是炕围画。炕灶相连，炕围画有时也能一直延伸至灶台。“炕围画是壁画、建筑彩绘、年画的复合体……”，其实年画的意味比较重。炕围画在陕北的窑洞里非常常见，是窑洞里永久性的装饰物，具有代表性意义，而剪纸、面花都是临时性的装饰。

炕围子上，可以像壁画一样，直接在上面作画；也可以买来炕围纸，纸上有图案画面；再或者，用印有图案的花布直接挂到墙上。但在传统上，炕围子面要用工笔作画。做工笔画的时候，“先在炕周围墙壁上用黄色、天蓝或粉绿色打底，再以线条图案圈出边框，边框内间隔画长方格，绘上花鸟鱼虫、松竹山水、古代名人故事连环画等，多寓意着富贵吉祥、长住久安、颐养天年等”。围子面上间隔出方格区块是因为炕围子沿炕的边缘呈现一个长条形状，将这个长条形状隔成不同的区块单元，既可以让每一块画面更加充实饱满，又可以使各个区块相对独立，一条围面变多幅画面。画面之间还能产生联系，做成连环画，迎合民间趣味。

无论直接在炕围子上作画，还是炕围纸上的图案，一般都由两部分组成。一部分是外框的花边，简单的花边就是几条直线，复杂的有如意边、万字边、回纹边等形式。做花边可以明显区分出画面与窑洞的墙面，突显炕围画的美，而且花边本身也具有美感。另一部分是“花心”，即画在由花边框起的区块内的图案。花心有的是简单的几何图形，更多的是花卉、山水、人物、走兽等，基本上是中国传统建筑上普遍使用的图案。但是，这些图案结合到炕围子上，结合到陕北窑洞里，却能产生一种特别的意蕴——简约单一的窑洞墙面，唯配一条斑斓的彩带。炕是窑洞生活的中心，在这里，最彩色围绕着最温暖。

2. 布堆画

布堆画又叫布贴画、拨花、撂花，是一种独特的民间艺术，产生于陕北延川县。布堆画是男耕女织的时代产物，在诞生的时候具有实用意义，“最初是源于农村妇女们给家人衣服上打补丁的针线活。在缝补丁时，特意剪出一些图案，层层缝补，既耐穿实用，又具有一定的装饰性”。渐渐地，人们以传统土布为材料，剪出各种形象，花鸟鱼虫、人物山水，颜色也不一样，红、蓝、黄、黑都有，“布堆画基本的制作工序是第一步先构思意境，接下来手工绘出图样或剪出样品，然后根据图样配布料和配色，再按顺序在底布上进行粘贴、拼接、镶花与堆叠，最后缝合与整理，成为完整的成品布堆画”。布堆画的底布是一整张土布，为剪

出的形象提供拼接的基底。由于整张画是许多布块拼接堆叠起来的，所以叫布堆画。

布堆画可以挂在窑里的墙壁上做装饰，但直接挂在墙上的不是很多——陕北人喜欢单一的墙面。布堆画的装饰意义其实非常广泛，更多地出现在门帘、被褥、枕头甚至是烟袋上面。相较炕围画，布堆画的风格更能体现出陕北的地域性格，“造型稚拙大方，粗犷淳朴，夸张变形，想象奇特。特别是在人物设计上，大都身躯短，体态丰满，眼睛大而有神……”也让陕北人的精神特质得到了充分体现。

布堆画象征着陕北人生活的简朴作风，用边角布料即可做出丰富的画面，而在画面上，“……形粗神不粗，别看其表现粗糙干烈，犹如作画者的手脚一样粗皮皱肉，但画面意境却如同作者心境高远细腻一样，是明镜可鉴”。透露着浓郁的民间艺术气息。布堆画的题材和炕围画类似，与日常生活密切相关，但布堆画更具创作灵活性。布堆画的画面大小不像炕围画一样拘泥于固定的范围，而在创作的方法上，相比炕围画的工笔作画，布堆画把剪出的小块造型以贴块、拼接、镶花、堆叠、缝合的方式结合在一起，其中每一种结合方式做出的效果都不尽相同。布堆画的画面风格，不同的结合方式及不同造型颜色的布料共同构成了其整体上杂糅粗犷的艺术特征。

布堆画与剪纸艺术可以对比来看：剪纸是在红纸上剪掉多余的部分，剩下来的是剪纸成品；布堆画是先剪出不同的形象，再将所有的形象拼接、堆叠，堆叠上去的是布堆画成品。二者的方向相反，但异曲同工，都是以剪出的图案来代替画，用剪刀间接地作画。布堆画的产生受到了剪纸的启发，但是，布堆画“……由于材料的不同，它与剪纸相比起来色彩凝重，质感浑厚，色彩多样艳丽，造型更加生动有趣，多了几分劳动者天然的艺术感与朴实的泥土气息。”另外，布堆画多层叠加的制作方式，在布面上一层一层地加上布块，表现层层叠叠的次序，颇有浅浮雕似的凹凸感。所以，布堆画不仅是一个二维的画面，而且有立体式的空间位移感。

四、陕北窑洞的空间审美意义

建筑与空间是纠缠在一起的两个相互渗透的元素，二者对立统一，所谓“凿户牖以为室，当其无，有室之用”。建筑空间有非常大的美学意义，“建筑是一项空间艺术。人们使用建筑是使用其空间，不是实体。空间包括内部空间与外部空间(环境)，人们可以在空间内外居住、生活、劳作。空间本身不能像小说、戏剧、电影等叙说情节，也不能表达出像绘画、雕塑那样具体的人和物的形象。它是一种抽象的艺术，只能表达一种氛围与感受，这一点与音乐有相通之处，所以有人形容建筑艺术为‘凝固的音乐’”。空间不仅仅是一个中空的东西，空间是活跃而积极的，是我们生活于其间的一个现实存在。空间是建筑构成的重要特征，显示着建筑变化的节奏。

可以认为，建筑的目的就是生产空间，为人们提供一个安身立命且舒适美观的活动场所。建筑虽然有不同的外观、不同的流派风格，但建筑的核心是人们所利用、所体验的空间。建筑有内部空间，有外部空间。内部空间牵制建筑的外观，外部相关空间也是建筑不可分割的部分。一般来说，除景观建筑外，建筑是由建筑的材料结构与建筑的空间共同组成的。

陕北窑洞作为一种民居建筑，人的活动也在窑洞空间内。窑洞空间非常特别，“一般地面建筑的做法是：先平整好地基，然后在上面围起一定空间，是在空间中占有空间的建筑方式。而窑洞则反其道而行之，是以‘凿’为基本手段，从实体中争得空间。前者是‘加法’，后者是‘减法’”。窑洞以“减法”获得的空间是一个“负空间”，是地面空间的一个延伸。窑洞不是围占、圈占一块空间，而是多出来的一块空间，是它创造的空间。

窑洞奇异的“负空间”仅限于窑洞之内，窑洞同样也拥有外部空间，存在于窑洞周围。窑洞外与窑洞内相比，空间要广阔许多，并且深入自然环境。“像西方的教堂、礼堂以及一些哥特式的建筑群体就表现了建筑的实体美，而陕北窑洞却侧重于表现建筑的空间美。”以下分别论述陕北窑洞的核心空间与周围空间。

（一）窑洞核心

陕北窑洞的核心指窑洞的内部空间，窑洞最大的意义——提供居住，是在窑洞内部空间的使用上体现的。核心空间与周围空间审美意蕴不同，所谓“不同的空间也许功能相同，却可以给人不同的生命感受”。窑洞内部，可分为上下空间和前后空间两个方面。

1. 上下空间

窑洞的上下空间，这里指自窑洞上部拱顶而下的空间，窑拱对于窑洞的空间作用体现于窑洞空间的上下方向。陕北窑洞的光照条件非常好，窑洞成一种“直线形建筑”。“直线式的组合形式简单、适应性强，可以随环境改变方向，也可以

根据需要设计合理的进深，这些都为获得更好的自然光照效果提供了条件。”更重要的一点，窑洞的拱顶空间也为光照创造了条件。拱顶是窑洞的一个特征，窑洞是一种拱券建筑。传统上除了拱桥与墓室，“拱券结构的民居主要为北方窑洞”。陕北窑洞的窑拱部分尺寸差不多占了窑洞通高的四成，占比非常大。拱顶结构和光线在空间上产生了独特的效果。

光线是建筑空间的要素之一。“光线从窗口向着空间深度逐渐变暗，显现出柔和的光线梯度，这种渐变的亮度会被人感知为被照房间的空间特性，而非仅被单纯地感知为光线本身的性质。”光线的表现空间、界定空间、引导空间，或者制造不同空间氛围的作用，带来了空间感的不同。“光之于空间的作用，绝不仅仅是确保视觉体认的进行和改变空间的明暗特征。光和体的结合可以产生阴和影，阴和影可以改变空间的形、体、色、质感和机理在审美体认上的性质。”而晴天的直射光比阴天的漫射光光线强，色温更饱满，最能体现切割空间的阴影明暗对比。

阳光穿透硕大的窗户，自上而下照进窑洞。窑洞的顶窗进光多于槛窗，最上面和最下面的空间没有直射光，上下形成了高低明暗不同的几个层次。层次将空间分割，化整为零，但合起来，聚零溢整。并且，明处，扩大了观感上窑洞体积的张力，开阔了空间；暗处，朦胧淡淡，却浸透着空间的距离，将边界推远。

除了光线，窑洞的拱顶结构也让窑洞空间不同，体现在两个方面：一来，借助拱顶的力学作用，窑洞内空间干练，无力柱。无立柱的窑拱让“拱形曲线和两侧墙壁的曲线连接过渡平滑 / 舒展，没有任何平顶建筑中柱基与方屋顶之间连接的那种紧张、局促、压抑的感觉”。没有那种局促的感觉，直观上，扩展了窑洞的空间。

另外，前文所述，拱顶使窑顶和窑壁之间的界线消失，仰望窑顶的时候，不好分辨窑顶是否一个拱形结构，眼帘一片土黄。不能分辨结构，也不好分辨窑顶的高低距离。按格式塔学派，不完全的形式呈现于眼前时，会引发强烈的追求和谐完整的倾向，任何形式都是直觉积极建构的结果。由之，窑拱与人不离不即、让人琢磨，产生了对形式的积极构建，夹杂些许眩晕、错觉。“利用形象之间的类似性、使不符合逻辑的形式产生合乎逻辑的结果。”这也是对窑洞在空间变幻上的理解——由结构的距离导致空间的扭曲或延伸，空间变得奇异了。窑拱之下，两侧窑壁的拱形线向窑顶聚拢，仿佛渐渐使窑顶升高，窑顶的最高点如同一个引力核心，把空间一起向上提升。人的精神也跟着提升，产生一种向上的力量感。“站在窑洞内，两侧手臂平举，并随之上下起落，又恰如在模拟窑洞土体内的呼吸。向拱心聚焦的曲线是吸，向两侧下落的曲线是呼。一呼一吸，起转承合，给人一种‘大洞之内其乐也融融’‘万事俱休’的惬意感、自足感。”正如宗白华说的，建筑之特点，一方不离实用，一方又为生命之表现。

这里，空间不仅是几何性质的，空间特点由客体存在伸入了主体生命。直线有一种静谧，曲线则有跳跃的动感，拱顶的吸引力来自这种动感。静止的窑洞内，在感受上出现了动态的意象，一静一动，动静结合，而其实又是静止的。窑洞的上下方向叠加有窑壁直线组成的方形空间，和由拱顶曲线组成的拱形空间，这是种对比，也是种跃动。

2. 前后空间

窑洞的前后空间指窑内的纵深、进深方向上的空间维度，与上下空间的竖向维度垂直。窑洞空间的前后方向与上下方向不同：上下方向，空间由下到上升起，上下部空间形状不同，动静变化；而前后方向，陕北窑洞是一种“直线形建筑”，是一个直筒形，前后空间是一致的。

虽然窑洞前后空间一致，但在光线的作用下会产生一些特别之处。前述窑洞的上下空间，阳光在窑里由上到下的照耀使上下出现层次。同样，光线也会使窑洞前后的空间出现不同层次，而且更加明显。光线由上到下将前窑较为一致地照亮，有一些明暗变化；窑洞的进深比高度大许多，而且阳光不会直射窑掌，所以窑洞前后光照非常不均匀，后窑没有光线直接照射——需要说明，后窑有灶火，不会潮湿。

由此，光线将前后窑分作明暗不同的两部分，“虽然没有实体，但是自然光同样可以塑造出空间的领域感”。但如上所述，光线须是晴天的直射光。前窑后窑的区别是明与暗、虚与实、浅与深、近与远的区别。光线形成的明暗之界在没有界线的空间划上界线，刻画了这种区别，一眼窑洞变作不规整的两截。两截没有分裂窑洞，而层次的变化让后窑显出景深气象，扩展了前后空间。另外，“由于自然光没有实体，这种界定不会像墙体一样显得生硬，而且自然光随着时间在不断变化，由它界定出的空间也会不断发生细微的变化，这也为空间增加了趣味性和流动性”。流动就是不同空间在时间上的结合。前后窑的光影随时间变化快，让空间不断流动，在流动中增加了进深。

窑洞的核心空间简洁干练，干练的结构让前后空间显出一些特点。一方面，窑洞空间是一个拱形的类圆柱体，进入窑洞，窑掌、窗户前后两个拱形截面相望，将圆柱切割。其切去仿佛无限长的两端，留下中间一段即窑洞之内的空间。但是，窑内这段空间似乎依然系着无限长的两端，像随时都会冲破窑掌与窗户的围堵似的。另一方面，窑洞内，向前是拱形门窗，向后，是形状一模一样的拱形窑掌。除了朝向——一前一后、一内一外，窑洞的前后空间没有区别，所谓空间错位即是这样：前窑后窑、前后有别，但空间可以错位交换，使窑洞空间意蕴丰富。

窑洞以一段类圆柱体空间为中心向两边无限延伸，这是窑洞前后空间的一种可能。此外可以有另一种意蕴：窑洞只有窑口一面向外开放，如果窑洞核心空间向外发散、向外透气的话，从窑掌到窗口是一个发散的过程与方向。前后空间可看作一个由窑掌向窗口放射的矢量，是有且只有一个朝向的空间，与上述两边两个朝向意蕴不同，厚重的窑掌后坐支持矢量向前。窑洞之内的空间是核心，由此聚集的核心向外延伸空间，就像手电筒发光。一旦打开电源，窑洞核心就成了明亮的出发起点，在广袤的高原上向外发出希望。这一幕发生在夜色降临时：窑里灯一打开，窗户即明亮起来，陕北窑洞的大窗户截下了整个窑口截面。所以，窗户就是电筒灯口，灯光向外发射，发散的不仅是光，也是光里带着的窑洞空间。“流动空间的产生是因为光空间延伸到了建筑实体空间外，将室内空间和庭院空间连接在一起。”而窑洞所“发射”的空间已经超出了庭院，突破了实体的限制。空间从实体中突围，“空间并非仅由实体围合才能产生，它是一种由对比和差异形成的‘场’”。

窑洞的核心空间无论在两个方向的延伸，还是如矢量般朝一个方向，其都是审美空间对于客观空间的超脱——小中见大、以近度远，甚至于无限，是一种想象力上的扩大，窑洞的空间特征支持这种想象力的扩大。其实，包括光影改变的空间在内，空间改变本身并不能增加审美意蕴，但空间改变的方式、富于变化的形式使空间变得更为独特。窑洞的核心空间正是一种富于变化的空间。

（二）窑洞周围

陕北窑洞作为一种与周围整体环境密切相关的建筑，其空间特征不仅涉及窑洞内部核心和以内部空间为起点的空间想象，更有窑洞之外的广阔空间，包括院落，也包括更大的院落周边及村落的空间。这些周围空间与窑洞的核心空间，共同组成了窑洞的整体空间格局。

1. 院落空间

窑洞之外，首先是院落空间。“院落从地理概念出发，应该是指一定范围内的领土所属关系，一种对空间拥有权限的界定和说明。就院落构成的物质形态来讲，它有着围合、阻挡和防护的性质，对外界起到了阻挡不利因素的侵害，对所有者的生命、财产进行保护的作用。”

然而，典型的陕北窑洞院落不完全是这样的。院落空间由院落的实体结构围绕而成，但如上文所述，陕北院落的实体结构非常零散。陕北的窑洞院落不是完全意义上的院落。

典型意义上陕北窑洞的院落空间，相比于窑洞内空间的齐整——类圆柱体、前后一致来说，比较随意，比较自由。相较于天井式院落，窑洞院落低而宽敞，更加开阔和通风。由于战乱的结束、民风的淳朴，陕北窑洞的院落一般不设围墙，没有“庭院深深”，是一个开放性的结构。院落空间随窑洞所在地势而定，形状不规则，不一定呈方形，也没有明确而固定的边界。但是，这个不规则的院落又是一块较为干净纯粹的空间——院落里不植树，一般少有植被绿化。植被通常分布在院落周围，院落本身则体现出了空间的整体性，没有被其他巨大的物体所分割。

这样，院落的开放带来了不规则，不规则体现着开放。院落又是一块纯粹的不规则空间，空间中心显得非常明显。虽然院落不比窑洞内空间的齐整，但由内至外来到院子，零散之间，形散而神不散。院落没有边界而有边缘，边缘围绕着空间中心。院落定义用纯粹的空间，而不是用边界。典型的陕北院落不是对空间权限的界定说明，不是不可侵犯的领土，而是在窑脸之前形成的一块有气场的场地，其边缘的远近依赖于院落中心的气场强度。陕北人愈使窑洞周围充满生活气息，窑洞的院落范围就愈大。

如果把窑洞作为一个建筑实体的话，那么院落就是窑洞外的一块虚无的场所。陕北窑洞最切近的要素就是窑洞本身和窑洞院落，二者组成一实一虚的跳跃。虽然院落建筑都有这种跳跃，但是窑洞背靠山崖，面前开阔，对比鲜明。窑洞面前的一大片空间，院落只是一个起点，院落往外延伸的空间是山间空间。

2. 山间空间

院落之外是窑洞与对面的黄土山梁所构成的空间，院落的开放性使院落空间

与院落之外的空间有天然性的连接。窑洞及其院落都是黄土山梁的一部分，窑洞可以看作是黄土山梁的气孔或者眼睛。而无论气孔还是眼睛，都发自内在，并且须有外在的空间作远望和舒展。这个远望和舒展的空间就是山梁之间的距离，即山间空间。窑洞核心空间可以从窑向外辐射，而院落空间没有固定边界，从核心空间与院落空间出发，以背靠的山梁为依靠——背靠的山梁是窑洞的围护结构，也是窑洞整体结构的一部分，那么，窑洞与院落的朝向就是山梁的朝向，山梁朝向上的空间就包括山梁在内的窑洞建筑整体结构所朝向的空间。这片空间是窑洞空间的延伸，也是窑洞整体空间的组成。这片空间广而阔，平而远。站在院子，面对这片广阔平远，不由地心生敬畏。敬畏之心与窑洞近在咫尺。山间空间是窑洞空间的延伸，是因为人的眼睛。从窑洞之内到窑洞之外的视野是连续的，在院子里所面对的、所感受到的山间空间与窑洞的核心空间也是连续的。如果在别处，则山间与窑洞没有关系；但在窑洞外，在院子里，这敬畏之心属于窑洞，这山间空间也属于窑洞的空间。

山间空间，即山梁所朝向的空间，物理上的距离可以延伸到对面的山梁，直到被对面山梁所挡。一方面，窑洞面对的山梁形成一个“面屏”效果，即“风水上所指的以案山、朝山为基址的对景、借景，并形成基址前方远景的构图中心，使视线有所归宿”。另一方面，在开阔而巨大的两山之间，可以看到，其实是一片自然空间，其间是自然景物。在这个空间维度上，窑洞空间与自然空间相互交流，也一体相融。可见，不仅在实体性方面，即在材料上，窑洞就地取材，与自然融合，而且在空间性上，窑洞空间也会延伸到自然环境的怀抱，成为自然环境的一部分。

院落空间没有具体界限，而山间空间有界，即是山梁之间的距离。窑洞的核心空间表现为整齐的开阔，院落空间表现为闲适的开阔，而山间空间本身就是开阔的，不因为边界的影响而改变。山间空间的边界——山对面的山，可说是显示这个空间大小的一个标识。

3. 村落空间

陕北窑洞处在陕北的村落中，村落空间是窑洞空间的背景。“就美学观点来看，城市、乡村聚落是如此丰富多彩，称之为‘最巨大的艺术品’并非溢美之词。”窑洞延伸的山间空间是一个自然环境，窑洞延伸的村落空间是窑洞周围的人文环境。

陕北的村落多在山谷中随河流弯转，村落空间就是山间的河流谷地。一个村落往往由被弯曲和切割的不同区块空间组成，河流贯穿连通不同的区块。而每一个区块空间即是上述山梁之间的距离，即山间空间。山间空间组成了村落空间。

陕北窑洞的山间空间已经融入了自然环境，这些空间组合起来就是村落，村落也在自然环境中。然而，村落是人的聚落单位。虽然每一眼窑洞、每一个窑洞院落的空间都延伸进了自然环境，但是，分布着的窑洞环境聚合起来，成为窑洞数量、院落数量集群。群体中就有生活的气息，就能体现人的存在，所以是一个人文空间。

由窑洞内到院落空间，再到山间空间、村落空间，由核心到周围逐步向外，空间逐步扩大。空间之间相互没有明显的交汇处，由内而外也并不是简单的几何放大关系，此为陕北窑洞拥有的整体空间，也是审美空间。随着空间的扩大，一方面使窑洞的层次、体量递增，进而可以多角度观察，意蕴丰富；但另一方面，空间越大，距离窑洞之内、窑洞的核心就越远，使窑洞意蕴渐淡。不过，院落空间、山间空间、村落空间，一来是组成窑洞建筑整体结构的一部分；二来，周围空间一层层围绕着窑洞的核心，不啻是给予窑洞核心空间的一种在“气场”上的酝酿与增强，更是突出了窑洞的核心，突出了窑洞最重要的地方。

另外，虽然陕北窑洞的空间格局总体上是由窑洞的实体结构所框限出来的，但正如窑洞前后空间的延伸一样，实体结构并不能将由之所体现出的空间固化，使空间受制于实体结构的限制。其实，空间一旦产生，虽然其源自实体结构，但已经变为对实体结构而言相对独立的部分了。所以，窑洞空间与实体结构可以“分庭抗礼”，拥有一定自由度。上文叙述典型陕北的时候提到以“空”胜“有”，而窑洞空间的“空”并非完全的空无，而是人们对于窑洞的、人们在面对窑洞时的一种可能性。可能性就是一种自由度，这种自由度的体现不同于实体结构的特征。

五、陕北窑洞的文化审美意义

历史上陕北处于农牧交界地带，既有游牧文化的特征，又带有农耕文化的底蕴，这与陕北的自然环境有很大的关系。陕北窑洞受自然环境影响，也受由自然环境带来的文化环境的影响。文化影响一方面使窑洞的建筑形态充满了陕北的民俗韵味，另一方面也使得陕北人在窑洞这个最贴切、最切近的环境里接受熏陶，形成了陕北人独特的性格特征。

另外，陕北窑洞虽然是一种非常传统的民居建筑，其建筑形态在一个时期内非常稳定，变化很少，但是，窑洞在当代社会却有了一些发展，出现了新型窑洞。新型窑洞相比传统陕北窑洞，不仅在外观上存在显著不同的地方，而且在文化意蕴、审美意蕴上也不尽相同，阐述新型窑洞的特征有助于更好地理解传统陕北窑洞的美学意义。二者对比之下，传统陕北窑洞的意义会更加鲜明。

传统陕北窑洞体现着陕北的文化特征。陕北窑洞在建筑形式上有其闭塞一面的表现，这不仅仅由陕北的环境决定，也有文化因素的影响。

陕北在长期面朝黄土背朝天的单一生活中形成了安土重本的习惯，由于生活的惯性而愈加不容易改变，不喜迁徙、不喜轻浮，而以本乡田地为生活之本。这表现在窑洞内外，比如陕北人对土神和灶神非常尊重。陕北窑洞在窑腿上要“安土”，即开辟一个小神龛，内贴土神之位；在灶上要贴灶神之位。土神主外，灶神主内。重视土神表现了陕北人对这片土地的情感，重视灶神则是对家庭的情感，二者都是一种对本乡田地的眷恋。

土神和灶神是陕北人在精神上的某种封闭倾向赋予窑洞的标记，在陕北窑洞的建筑形式上，这种倾向也有体现。窑洞是一种不张扬的建筑，深入土层之中，可以说窑洞是藏在土层中的建筑，隐去大半，唯留一个出口。这当然主要是由于自然环境所致，但文化上的倾向也不能忽视。首先，陕北窑洞的选址多在山凹处，形成了窑洞在环境上的形式特征；其次，陕北窑洞在其外部结构上没有张扬的造型，没有突出的结构表现，这绝不仅仅是因为窑洞是土层中的建筑，不占用环境空间；最后，在陕北窑洞之内，还可以挖掘掌窑、拐窑等，能够相互连通，向内深入。陕北窑洞的这些特征不能完全用环境条件来解释，还有文化条件的影响因素。闭塞的陕北窑洞影响了其审美表现，使窑洞呈现一种内敛性的美，从而不仅是表面的观感，也有内容上的意义。

陕北文化有内向守土的一面，也有外向开阔的一面。一般的陕北窑洞，宗法观念表现不强，当然，不包括极少数所谓大户人家。普通的陕北窑洞最大的适应对象是环境，而不是宗法观念。窑洞的形制、等级、方位等规矩比较淡化——普通家庭人多而窑少，无法从容分配，也由于环境封闭而与外界的价值有一定隔膜。窑洞外的土神之位可以是牌位，但窑洞内的灶神之位只有纸贴——窑洞内不放排位。所以，这是一种尊重的形式，而达不到信仰的程度，窑洞内并不需要那种浓重的氛围。陕北还有一种特殊的窑洞，叫“神祝窑”，就是祠堂。神祝窑的形制非常小，是普通窑洞的附属建筑。神祝窑无定式不说，首先这种窑洞就非常少见，远没有形成规制。

外向开阔的文化特征可以从窑洞的形式上看。首先，陕北窑洞的院落一般没有围墙，一方面是经济因素，但一个宽敞开阔的院子是陕北人的追求。院子里也没有树木植被，在安定的时期，完全一片敞开的状态。这样的院子有利于阳光照射，也让视野开阔，心情开阔。其次，陕北窑洞的窑口部分，门窗将窑口全部填满，大门大窗最大限度地将窑洞之内与窑洞之外连接，尽可能地让窑里接触到外面的景观，即窑里向外的视野同样要开阔。陕北窑洞相比于其他地区的窑洞，开阔的门窗是其最为显著的特征。在自然环境上，黄土高原整体地貌条件、气候条件类似，但除了陕北的窑洞，其他的窑洞并没有这种大门大窗。这种门窗其实更具有中原文化特征，门窗除了“大”以外，还有精致的窗格子。但是，精致的窗格子改变不了陕北窑洞整体的简易风格：简易的施工，人力直接于土层上开挖，就地使用环境中的材料；简易的结构，呈拱形的洞穴，前面一挡即成窑洞；简易的线条，拱顶甚至没有线条，结构简单使然。另外，建筑传统是一个多向度、多层次的复合结构，陕北窑洞亦然。从门窗上看，陕北窑洞的整体风格就是经多种风格倾向相互融合发展而来的，包括简易的风格，也包括精致的风格。综上，陕北窑洞开阔外向的文化特征，一方面表现在窑洞建筑形态的敞开状态上，另一方面表现在窑洞包容的风格上。

对于陕北窑洞包容的建筑风格，文化因素在其中起到了很大作用。窑洞体现的不同风格有的似乎反差很大，但是，虽然其特征表现鲜明，而对隐形于环境中的陕北窑洞来说，反差并不破坏整体上的和谐，反而让陕北窑洞在和谐中有着一种奇异的表现。

传统陕北窑洞体现着陕北的文化特征，文化特征与窑洞建筑融合在一起。窑洞一方面体现着陕北文化，一方面也是陕北文化的组成部分。窑洞形式本身也影响着陕北的文化，即窑洞对文化有一个反向作用，使陕北文化里充满了窑洞的元素，这个反向的作用也影响陕北人的性格。同样，陕北人的性格与陕北窑洞风格是相互交融的，性格因素对窑洞风格的影响也同时存在。文化与性格有相近处，这里，文化是一种宏观上的表现，性格是一种微观上的表现。之所以作文化与性格的区分是为了言说的方便，寻找一个言说的切入点。其实，陕北文化、窑洞风格与陕北人的性格三者是一个整体的三个表达维度，当然也受到了自然环境的影

响。三个维度最终可以合一，共同指向陕北窑洞的文化意义。

传统陕北窑洞拥有厚实的文化意义，这种文化意义使陕北窑洞在审美上的表现力度更加丰满。陕北窑洞的美学意义不仅仅在于或者局限于窑洞表面的形式与功能，也不仅仅在于与环境相连的、以生态性为准生态性意义，这些都存在于当下的时间维度，包括窑洞的空间意义在内。但是，陕北窑洞的文化意义不同，文化是一个时间上的距离，“时间距离阻隔了眼前的时空与过去的时空，甚至阻隔了未来的时空，但同时它又能自由贯通过去、当下和未来，它如绳索似纽带，是一种切断又是一种勾连，而美就在这一距离中产生、覆灭、又重生了”。除了时间的距离，文化更要有足够的实实在在的积累才可以形成。积累的过程不见于当下，而积累的效果存在于当下。审美是当下的审美，文化意义使窑洞的美不只聚焦于当下，也能深入窑洞的历史当中，“消除遮蔽，显现真实”。如同情景交融，作为当下实物的窑洞是眼前之景，而文化是一种饱含历史积淀的厚重情感。历史与当下结合，从而能够全面地理解窑洞的意义，在此基础上理解窑洞的美。

窑洞是一种古老的住宅建筑，与人相存日久，成为一种浓厚传统的象征。传统的陕北窑洞无论在建筑形制上，还是在审美意义上，都具有窑洞的典型代表意义。笔者所探究的陕北土石窑洞，在陕北地区虽然称不上最精致，但却是最普通和最常见的窑洞。这种窑洞最能代表陕北窑洞的群像，最能代表陕北窑洞的美学意义。

陕北地处农牧交界带，农耕文明与游牧文明在这里汇聚。陕北人既有农耕文明的内敛细腻，又有草原民族的奔放，两种交织的生命体验反映在陕北窑洞上。传统陕北窑洞精致的窗户、剪纸装饰、面花装饰体现着窑洞细腻的一面，但土石窑洞的粗线条控制了其整体的风格。窑洞是土与石的结合，细腻处不比窑洞的浑厚来得直接。总体上，陕北窑洞仍然呈现一种自然状态的朴实风格，朴实风格是陕北窑洞最大的特征。陕北窑洞的魅力不在于不断发展变换的建筑格局，而在于其守护的坚韧，在于简单、质朴、意蕴浑然。在传统的格局中，陕北窑洞表现得平实而波澜不惊，由传统而展望未来。

第三章　陕北窑洞建筑的装饰

第一节　陕北地区窑洞民居建筑的地域差异及其成因分析

笔者通过选取陕西窑洞中具有典型性的渭北窑洞与陕北窑洞作为研究对象，从选址、结构布局、装饰风格等方面，对陕西窑洞作比较分析研究，剖析窑洞民居的差异性特征，进而使人们更好地了解窑洞民居这一伟大的建筑成就。

窑洞作为我国黄土高原地区特有的居住建筑景观，是生活在这里的劳动人民的智慧产物，亦是我国建筑史上的文化瑰宝，被国际建筑学家认为是中国五大传统民居建筑之一。窑洞的雏形可以追溯到四千多年前的龙山文化时代，拱形窑洞初现于汉代时期，成熟于隋唐时期，大量出现在明朝中晚期。窑洞作为独特的民居建筑，具有隔热保温、冬暖夏凉，利用自然、节约耕地，施工简便、节省材料、造价低廉，减灾保健等特点。中国的窑洞民居主要分布在甘肃东部地区、陕西秦岭以北地区、山西中部及南部地区、河南西部地区、河北西南部及宁夏中西部地区。传统的窑洞民居有较强的地域差异性，其建筑形式和布局受当地气候、降水、地貌特征、风俗习惯和社会经济发展状况的影响，展现了丰富多彩的建筑形式。窑洞按其建造方式和结构布局可分成下沉式窑洞、靠崖式窑洞、独立式窑洞三种类型。

一、国内外研究进展

（一）国外研究进展

欧美学者对于生土建筑的研究初始于 19 世纪五六十年代，1952 年，澳大利亚的建筑大师乔治・米德尔顿发表了《生土墙建设报告》，这一报告非常详细地介绍了生土建筑，成了澳大利亚地区的生土建筑参照标准。几年之后，在美国纽约举办的生土建筑展览，引起了相关研究人员对窑洞这一建筑形式的广泛关注。1987 年，美国建筑师吉戈兰尼在其《掩土建筑》一书中，系统地讲述了生土建筑的发展以及目前的发展现状。之后，影响较大的就是美国人文地理学家拉普普特

著的《住屋形式与文化》。美国学者琳恩·伊丽莎白和卡萨得勒·亚当斯于2005年合著了《新乡土建筑——当代天然建筑方法》，书中详细描述了乡土建筑的营建方式，并且指出人类要适应未来的社会发展，就必须提倡用天然的材料和生态的建筑方式进行建设，其中就提到了我国的窑洞建筑。但由于存在文化认识上的阻碍，虽然有许多专家学者深入实地，对窑洞建筑景观进行过多次调研，但没有形成系统的研究成果。

（二）国内研究进展

国内学者对传统窑洞建筑的研究初现于19世纪60年代。侯继尧教授和王军教授共同编写的《中国窑洞》，从生态环境保护、节约土地利用和能源利用等方面，探讨中国窑洞建筑对未来建筑学发展的启发和见解。王徽等人对窑洞民居中最具特点的地坑院窑洞进行了论述和分析，更详尽地对传统民居建筑的建造技艺进行了研究，促进传统技艺的经营和传承。荆其敏从生土建筑的自然环境、结构布局、建筑材料、建造技术、发展现状与未来技术创新等方面进行了分析说明，分别从建筑学和生态学的视角，阐释了生土建筑对未来社会的影响意义和价值。吴昊在《陕北窑洞民居》中，主要论述了陕西典型的窑洞民居形式和装饰艺术。王文权基于建筑学的视角，谈了窑洞民居的生态理念、美学价值及窑洞民居的传承与保护。李秋香从窑洞民居的结构类型、院落布局及窑洞的建造材料三方面介绍了窑洞民居。廖红建等通过对窑洞民居的发展及其优势研究，从建筑构造和地质条件探讨了窑洞民居的环境工程，提出了改进和发展措施。党安荣等人以党家山为案例，探讨窑洞民居的变迁，进一步从生态、历史、文化及美学等方面探讨其保护价值，并制定了保护的策略。刘小军等人在论文中，对窑洞的历史沿革、发展贡献和文化价值进行了简要介绍，并确定了窑洞的分类，在研究窑洞民居发展现状的基础上，对黄土窑洞未来发展提出了可行的建议。白凯等通过挖掘窑洞民居文化内涵，分析了窑洞旅游资源开发过程中的发展机遇以及面临的问题，探讨了窑洞文化旅游的发展路径。

综上，通过研读窑洞民居的相关文献发现，对窑洞民居的研究多集中在工程学和艺术学的角度，关注的点几乎都在窑洞民居的变迁、美学价值、保护与开发等方面。对窑洞民居地域差异性方面的相关研究还比较少，本文通过实际调研及结合现有文献和专著，从窑洞建筑的选址、建筑结构布局、装饰内容等方面，对陕西窑洞作比较分析研究，剖析窑洞民居的地域差异性特点。

二、陕西窑洞的地域差异

陕西的窑洞主要遍布在秦岭以北，大致可分为渭北窑洞和陕北窑洞两个大的地域类型。本文选取永寿县窑洞作为渭北窑洞代表、米脂县窑洞作为陕北窑洞的代表，研究陕西窑洞的建筑差异性。笔者从窑洞的选址、类型、窑洞门脸格局及装饰特点等几个方面，对各地区窑洞的特征作以下介绍。

（一）窑洞的选址

渭北地区的永寿县窑洞多分布于塬面上，其特点是规划统一，成排成片，布局美观整齐。陕北地区米脂县因地形地貌破碎，沟壑纵横，窑洞多建在山脚下、半山腰上及冲沟的两侧。

（二）窑洞类型

从建筑材料方面来看，永寿窑洞主要为土窑洞，米脂窑洞多为石窑洞。从建造方式和结构布局来看，永寿窑洞多为下沉式窑洞，也有少部分靠崖式窑洞，下沉式窑洞尺寸规格可分为两种，一种类型为9×9米的方形院落，每个壁面有两口窑洞，俗称“八卦地倾窑洞”，另一种类型是9×6米的长方形窑院，多为6口窑洞；米脂窑洞主要为靠崖式窑洞，多为一字排或L形排列，多为3孔及5孔窑洞。

（三）窑洞门脸格局

永寿窑洞的门脸多为桃形，门和窗户分开，分边位于两边，且比较小；米脂窑洞多为圆拱形，门窗为一体型，门窗较大，门开在中间。

（四）装饰

两地窑洞装饰都多以剪纸、砖雕、木雕、石雕等为主，但在装饰图案上存在差异。永寿属关中地区，土壤肥沃、物产丰富，所以装饰图案多以伦理教化、民间传说为主，装饰题材多样，传递的是对美的追求和精神追求。米脂窑洞建筑装饰突出特色是生殖崇拜。米脂属陕北地区，自然条件艰苦，自然灾害多发，加之在古代又是战场，连年战乱，导致陕北人口稀少，人们在装饰图案中就表达了增加人丁、繁衍人口的美好愿望，如多见有“蛇抱九颗蛋”“蛇盘兔”“鲤鱼穿莲”“鼠食葡萄”“麒麟送子”等图案，祈求人丁兴旺、多子多福。

三、陕西窑洞地域差异的成因

（一）自然因素

渭北多为平原地貌，黄土直立性强，平均厚度在 50 ~ 100 米，部分能达到 120 米，聚落形态较为集中。陕北地貌破碎，沟壑万千，耕地紧缺，窑洞多建在冲沟及山底和半山腰，聚落形态较为分散。陕西省降雨量由北向南逐增，气温也是从北方向南方逐增，最北部地区最冷月平均气温达零下 20 摄氏度。

（二）社会经济因素

渭北属关中地区，八百里秦川，地势平坦、土壤肥绕、经济富庶，自古以来都是中国的经济、文化中心，民居的聚落空间、建筑形式和装饰等，深受中国宗法文化、宗教信仰和风水文化的制约及影响。陕北地区特别是长城沿线地区，自古就是农牧交错地带，社会流动性大，古时多战乱，农业经济发展滞后，故在民居建筑布局、装饰等方面多以粗朴、豪放为主，体现了当地居民对生存的渴望和对幸福生活的憧憬。

窑洞民居类型多样，且存在明显的地域差异性。陕北的窑洞多为沿冲沟和山坡建造的靠崖式窑洞及少数的独立式窑洞，渭北的窑洞多为在塬面上建造的下沉式窑洞及少部分沿冲沟建设的靠崖式窑洞。其建筑结构及形式深受地形地貌、自然环境、经济发展和传统社会的礼制思想等因素的影响，细部装饰主要反映了当地的文化、经济发展水平。

第二节　陕北传统民居窑洞建筑艺术研究

陕北传统民居的建筑艺术丰富多彩，是陕北本土艺术文化的凝固与传承，是陕北传统窑洞民居特有的建筑形式，影响着与之匹配的建筑艺术，同时也影响着窑居人的生活习惯与审美观念。陕北窑洞民居的研究是基于陕北经济发展、戍边文化、农耕文明、民俗艺术文化、高原地貌等层面之上的研究论题。陕北窑洞建筑特有的艺术研究价值在全国范围的各种民居建筑艺术中有着不可替代的研究意义。

笔者通过去陕北延安、榆林多地考察明、清、民国等时间段的窑洞民居，后又对陕北延安市各个县的多处传统窑洞民居进行考察研究，并将研究重点定位在子长县安定古镇的传统窑洞上。因为安定古镇的传统民居有以下几大特点：

第一，传统民居规模较大，众多明清和民国时期的窑洞民居散落分布在古镇里。

第二，年代久远，其中一些窑洞民居至今已有两百多年的历史，有很大的研究价值。

第三，建筑艺术多样，当地的窑洞建筑是古镇里多个家族存留下来的自家窑洞院子，每个家族的窑洞都是不同时期请不同工匠制作的。其他地方的传统窑洞民居，多为单个家族请工匠建造，虽然也有规模较大的，但是建造做法相对一致，而安定古镇的传统民居建造做法就更加丰富、多样化，研究成果也就更具说服力。

第四，安定县城在历史上是陕北重要的军事、经济、交通、文化枢纽，其传统民居研究有多层次的价值与意义。

对安定古镇传统窑洞民居的建筑艺术要进行深层次的研究，不仅要对安定古镇现存传统窑洞民居进行现存状况、布局形式、家族历史、建筑装饰等方面进行研究，还应对其建筑艺术之下更深层次的意义进行发掘，对其表象之下的民俗人文内涵进行梳理、分析、总结。

一、陕北安定古镇建筑艺术的特色与创新之处

有关陕北传统窑洞民居建筑艺术的研究在国内外学术界已经有了一些成果，但大多数人将侧重点写在了民居保留更完整的陕北榆林地区，尤其是米脂、绥德、佳县等地的民居，但是陕北传统民居分为两大区域，一是榆林地区，二是延安地区，延安地区的传统民居保存得不好，破坏程度更大，研究难度也更大，所以较之榆林，研究延安传统窑洞民居的人更少，但是并不能因为它损坏严重就不深入研究。每一个地方的民居都是这一区域珍贵的非物质文化遗产，丢失之后无法挽救。子长县安定古镇在历史上是延安地区的军事、文化、经济重镇，对安定古镇及周围较大区域的民居比较研究很有意义，这对于弥补延安地区民居研究的不足有重要的意义。

（一）陕北安定古镇建筑艺术的特色

1 安定古镇的传统窑洞民居建造于不同时期，有不同家族的文化影响，建筑艺术各具特色，丰富的布局与空间隐含的视觉、结构、心理的建筑艺术有着丰富的研究价值。

2 整个古镇地形丰富，在古城墙的围合之中，窑洞建筑与传统砖木建筑的组合形式多样，窑洞建筑的做法、结构富有变化，各个家族的建筑艺术有着很大的差异性，这种丰富的差异性聚集很有研究特色。

3 不同的窑洞室内有着各种源自于当地民俗文化与工艺的装饰手法。丰富的装饰手法与其隐含的装饰艺术文化体现在不同的家族院落里，形成了不同的室内空间与室内建筑艺术。

（二）陕北安定古镇建筑艺术创新之处

1 以陕北安定古镇这一整体的城镇窑洞系统为研究对象，要比研究诸多分散的、零碎的窑洞院落的研究意义更加丰富与重要，因为其是一个系统的文化、军事、政治、经济脉络，相互之间的联系与影响是全面而多层次的。

2 研究对象涵盖了多个时期的维度，而非某单一时期的建造成果，安定古镇窑洞建筑所具备的多时期建造特点造就了丰富的建筑艺术。

3 安定古镇受北方戍边文化、北丝绸之路经济带影响，还受到陕北农耕文明的影响，并借鉴了山西木结构建筑、南方江南建筑等艺术元素，具有鲜明的子长当地建筑特色，研究价值非常重要。

二、安定窑洞民居特征体现

安定窑洞民居从窑洞样式来分类主要分为：

一是独立式明锢窑，主要分为石窑和砖窑两种，虽然古镇位于丘陵沟壑之间，但是大多数承重面积地形起伏较小，相对平坦，古城中近四分之三的窑洞都是独立式窑洞。清朝留存的石窑样式古朴，雕刻精美，清末民初留存下来的砖窑使用青砖建造，古朴大气。

二是靠崖式窑洞，在全城窑洞总数中占少数，主要集中在两个区域，一是南面凤凰山、文笔山脚下，大多坐南朝北，少量窑口朝向东、西。其多数为靠崖土窑外接石料修窑脸而成的接口窑，少量几孔无接口的土窑几乎无人居住，诸如清代史家芷兰居附近有一孔靠崖土窑修了二百多年，因坐南朝北、采光不足，窑内一直潮湿寒冷，不宜居住。靠崖窑集中的第二个区域为背南面北的河谷地带，由地势落差修建的少量靠崖窑，多数年代较晚。

安定独立式明锢窑的主要特征：

一是数量庞大。独立式明锢窑占古镇民居总数近百分之七十，古镇现存可考的传统窑洞院落有近八十多个，基数庞大。现存清代窑洞保留相对完好的有近二十个，其中有史家楼院的青砖窑、史家芝兰居院窑洞、师家楼院窑洞。现存的明锢窑中石窑占很大数量，原因是古镇南北近山，取石料方便，所以古镇保存了很多各个时期的石箍明锢窑。

二是年代跨度大。安定古镇宋明时期的大部分民居建筑已毁，现存唯一的明万历年间建筑为北门内贾家大院。后修的清朝建筑对宋明民居的院落形态、建筑样式等都有所传承，现存的清代建筑有乾隆年间的史家楼院、清道光年间的郭家大院等。民国时期的窑洞数量更多。几百年的历史积淀，使得安定现存的窑洞院落特色丰富、种类多样，安定窑洞建筑的历史研究价值很高。

三是规格多样。不同窑洞院落大概可分为以下七类：一字形场院、L形场院、二合院、三合院、四合院、二进院落、三进院落。整个古镇地势地貌类型丰富、多样，古镇窑洞民居并非全部坐北朝南，而是依地形，根据水源、采光、风水等，建造了各种不同布局与朝向的院落，诸如坐南朝北、坐北朝南、坐西向东、坐东向西，等等。

四是做法源自南北各地，建筑文化融合丰富。由于地处古丝绸之路北线商贸重镇，同时是中原文化与北方戍边文化、游牧文化的中间地域，安定古镇的建筑做法经过历朝历代南北文化的影响、东西文化的融合，其建筑艺术中，既有江南建筑的精致与清雅，又有北国审美的粗犷与质朴；既有山西民居的工艺影响，又隐约有西北戍边防御建筑的模式。

五是居住环境好，因地制宜。安定独立式明锢窑建筑选址、朝向都灵活多样，根据具体采光、地势、水源、风速等自然因素选址、定朝向，同时将窑洞的冬暖夏凉优势充分发挥，蛋形的拱形与更高的窑顶为室内带来更多的采光。

安定靠崖式窑洞的主要特征：

一是数量较少。靠崖窑占全城窑洞民居总数的少数，其中清朝时期修建的靠崖窑保存下来的数量更少，只有诸如扁鹊庙附近的几孔清末靠崖土窑、城西南角凤凰山脚下一孔清朝靠崖窑等，并且保存情况差，损毁塌方严重。

二是居住条件差。安定古镇的靠崖窑，多数在南边凤凰山、文笔山脚下，大多背光，采光不足者居多，再加上靠崖窑有安全隐患，随着年久失修、山体滑坡，靠崖窑的居住条件存在安全隐患。年代久远的靠崖窑几乎已无人居住，多以储藏杂物为主。

三、安定窑洞民居施工工艺

安定的窑洞主要以明锢窑为主，以材料分为石窑和砖窑，窑洞民居的建造基本分为三个阶段。首先，根据居住村镇的山川地形选址，选址一方面讲究靠近水源，坐北朝南采光好，避开风口川谷地等科学选址因素，民间还会讲究选址的风水，请风水先生根据易经八卦决定修建的院落形制，根据罗盘和主人的生辰八字来测窑洞的朝向。然后是石匠箍窑，利用黄土夯实成窑形，或者使用木架子搭建支撑架，根据主人需求因地制宜确定窑口的宽窄与拱形的造型，然后就近取石材，斧凿成拱形结构所需的扇形石块和尺寸均等一致的长方形石块，借用石块的各种垒砌方式，使石块之间相互咬合，用以黄土泥浆为主料的黏合剂连接，适当插入横向石条起加固作用。石窑主体修筑时还得考虑炕、烟囱、灶台之间的烟道位置。最后是木工制作窗棂格子门窗结构，具体尺寸也不是预制统一的，而是根据石匠所建每孔窑洞的具体尺寸来制作、安装各种主人需要的样式木窗格子，以表达不同的生活追求与向往。

（一）条形石料的不同作用

安定的明锢窑制作中，除了石块木料、与砖块，经常使用大量石条。石条的作用分为三种：

一是横向插入窑体，以网点状排布，长约一米多的大量石条从窑两侧被做进窑体，对石块是一种加固，使得结构更成体系，原理类似现代建筑里的横梁。石条对窑体两边更加厚实的窑腿起到很好的加固作用，诸如郭家大院北院的窑体，窑侧的立面上插有 12 根网状分布的加固石料，网点上下四层，每层三根，每两根石条上下间距一米，左右间距三米。整个郭家砖窑的两侧窑体内部被这种结构固定，使其流传两百年不倒。

二是支撑窑脸挡雨石板的石条构件，一排窑脸顶端的石条向外挑 30 至 50 厘米左右，石条主体深嵌入窑脸，支撑窑洞石板的重量，上有女儿墙与窑顶覆土层相压，使之不至脱落。

三是窑顶靠下不远伸出窑脸或窑侧墙的排水石槽，由石条凿刻而成，用于窑顶排雨水，一般出挑较远，防止排水冲坏窑墙。做工讲究的石槽排水口在顶端部会有石匠凿刻出吐水的龙头装饰，寓意吉祥。

（二）砖石的咬合方式对窑体的影响

安定窑洞具体材料分为石砌和砖砌两大类，具体的做法因地域不同、工匠不同而有差异。在一孔石窑洞的建造过程中，最主要的是石匠，建造一孔石窑主体需要石匠大工耗时 4 至 5 天左右，还有小工搬运材料配合。往往一队石匠会同时开工三孔左右的窑洞，在风水师确定窑的选址之后开始建窑。接口窑和明锢窑的方法也不一样。接口窑会搭建与土窑口相匹配的木架子，然后再一步步垒砌窑脸。制作明锢窑，石匠会先就地取土，用黄土夯出主人所需的窑洞进深、面宽、拱形等，然后再就近取石，修建主人所需的石窑结构，石块之间的黏结剂的主要原料就是黄土浆。石匠就近取石，将石料加工成四类石材：

一是长方体石材，用以窑脸普通墙体的垒砌；二是扇形石块，用以窑洞拱形结构的搭建；三是石条，用以横插入墙体，与石块结合使用，加固墙体，部分石条用以制作石窑顶部垂直嵌入窑脸，起支撑屋檐的作用；四是石板，用以屋顶排水坡面，下部会用木梁与石条支撑。

窑脸部位的石块在保证窑脸平整垒砌的同时，讲究石块的错位咬合，讲究石块上下之间错位相压，石窑垒砌的窑体才能合为一体。无论是垂直方向、纵深方向，还有左右方向，石块之间都是讲究咬合的，不是一面墙的简单错位排布，整个窑体内外一体，石块之间相互咬合、穿插有法。而更精妙的是石匠不仅将整个窑体砖砖咬合，合为一体，还在这个基础上预留了烟道口和窑腿内的烟囱系统，这对砖石的排布提出了更高的要求。窑掌炕的烟囱在后窑窑腿中；窑前炕的烟囱在窑腿的前端，但又在窑脸木门窗框以内。因为石材的尺寸有限，在满足木质门窗框内嵌安装的同时，烟囱只能往里预留，这对石窑砖石的咬合提出更高的施工要求。

（三）邻近窑体之间的加固拱支撑结构

安定古镇两窑之间曾建有各式拱形门洞，高处横向连接两边窑体，顶部有双坡顶，顶部正脊有砖雕脊饰，两边装有瓦当滴水构件，少数还有装饰与题词砖雕。这种结构过去在史家楼院、旧时巷道中数量众多，但后来损毁严重。现存的类似结构在全镇只有两处，形制还大大简化，为后人仿建。

这种窑间拱形门加固结构发挥的力学作用主要为支撑两侧窑体，防止窑体倾斜与坍塌，对窑体起到很好的保护作用。具体做法是先在两侧墙体预留出挑的石

条，然后在两侧石条的支撑上搭建拱形结构，拱形砖砌结构做好之后再加砌双坡顶和正脊，也可在正脊上加筑装饰女儿墙，最后加装双坡顶排水构件。门洞做成拱形结构，其自重通过拱券向两边传递，拱形门洞的自重就成为抵挡两侧窑墙倾斜的支撑力。这种构件会使得两侧的墙体通过它相互支撑，对于防止临近窑体或墙体倾斜、房屋倒塌，以及居住人的保护都发挥了重要作用。

（四）因需而异的工匠需求

安定窑洞民居对工匠的要求很高，体现在材料的加工技艺与结构的调整技艺，饱含了石匠、木匠的百年积累。

材料的加工技艺：石匠对石材的加工技艺是房屋主人评判石匠的一项重要指标，石匠根据要求可以在附近的山里或河川取石料，将取回的自然形态的石料用凿石工具凿成任何想要的体积尺寸。石块的长宽高要求精准，石面要求平整端正，对垂直度与水平平整度都要求很高。考察石匠技艺还有一个方法，就是看他凿出的凿痕走线是否平行整齐，而且要在规定的宽度内凿刻出规定的凿痕数量，合格者才会被雇佣。另一道常见的工艺就是水磨砖或水磨石，将砖或石材表面加水打磨适当程度之后再垒砌，如此修建的建筑墙面就光滑平整，不会擦伤皮肤。石料的加工比砖更耗时、耗力。

结构的调整技艺：传统工匠的工作不是生产制造统一尺寸的门窗与砖石窑体，而是因地、因人而异，修建不同尺寸、不同做法的结构，包括窑体、窑脸装饰、女儿墙、拱形结构、门窗木框、烟囱、火炕、灶台等等。每家主人的需求都不一样，这就要求石匠先根据实际情况和需求修建合适尺寸的窑洞，然后再由木匠根据石匠所建每孔窑洞的高低、拱券弧度尺寸以及每孔窑的面阔，打造具体的圆楣、横眉和立楣尺寸，根据不同窑洞主人的需求，打造寓意不同的窗格图案、木格结构。总之，安定窑洞不是批量生产，而是差异性非常丰富的传统窑洞建筑。

四、安定古镇窑洞民居造型艺术与装饰艺术分析

安定古镇窑洞民居的造型艺术与装饰艺术受当地民俗文化的影响，具有一定的表现与内涵特色。值得一提的是，安定的石雕技艺由来已久，陕北民间就有“安定出的好石匠”俗语流传。安定石雕最有名的代表便是位于安定镇东的钟山石窟，闻名遐迩。安定的石雕历史悠久，这一点在安定传统民居上就有较多

体现。

（一）造型艺术

1. 影壁

影壁是位于大门内外，用于驱邪挡灾、阻挡视线、美化建筑景观的装饰墙体，是安定民居造型装饰的重点之一。古镇现存的影壁从形式上分为独立式影壁和座山影壁两种。

独立影壁：独立影壁是独立于厢房、山墙和院墙，在大门内或走廊尽头独立建造的单体影壁墙。安定的独立影壁现存最为完整的为史家凤凰山脚下的L形场院中的入户影壁。天圆地方的拱形硬山砖石大门内直对着的就是史家的独立影壁。史家独立影壁分为壁顶、壁身、壁座，上下三部分，全部为砖制。壁顶为双坡硬山顶，正脊上有植物浮雕，两头脊兽造型与大门顶兽吻不同，动态与面部细节做法均有不同。双坡壁顶下有仿木椽子出挑的方砖造型。壁身装饰简单，只做简单的几何对称分隔造型，影壁心为内凹式神龛，神龛外原有砖雕仿建筑装饰构件，现已损毁。壁座无装饰，为高六个砖厚的青砖垒砌。影壁上下一体，从侧面看造型丰富，样式端正，富有变化。据考，史家楼院主窑前的影壁更加宽大，做法更加精细、讲究，但已损毁。

座山影壁：座山影壁是位于大门之内，直接利用厢房的山墙修砌的砖制影壁造型。壁顶、壁身、壁座都是山墙的一部分，这种影壁称为座山影壁。这一类型的影壁在古镇中保存相对较多，从方位上分为入户座山影壁和过道尽头座山影壁。入户座山影壁是大门内紧对的利用厢房山墙做的墙上影壁。安定的座山影壁大多装饰简单，只在影壁心装有神龛，顶部做有简化单坡顶，但砖雕图案丰富。安定的座山影壁墙有时起不到遮挡路人视线的作用，只是坐在门内侧一边，这种情况大都是因为影壁心神龛的供奉朝向与方位需要，如史家凤凰山下院门内侧的座山影壁。过道尽头的座山影壁，这种影壁距离大门较远，位于过道尽头的房屋山墙上，如史家芝兰居过道尽头的座山影壁，影壁在尽头厢房的山墙上加筑，壁身为了区分山墙，将影壁部分的排砖方式改为“人”字形紧密排布，影壁心设有仿建筑砖雕神龛。

2. 屋顶

屋顶是传统民居建筑的装饰重点之一，在古代封建等级制度的规定下，屋顶的形制有严格限制。在众多屋顶样式中，陕北常用的民居屋顶多为硬山顶或悬山顶。安定古镇现存的民居砖瓦房还有数量比较多的单坡顶。

(1) 安定悬山顶：由于年代久远，安定的悬山顶只在个别门楼上留有破损之躯。门楼建于清代，屋顶两侧铺有阳瓦，屋檐处植物滴水，檩条为两端组合，门楼内有数根横梁支撑木椽子。

(2) 安定硬山顶：安定保留最为完善的双坡硬山砖瓦房是位于古镇城中主路，现镇政府东侧附近的一座建筑。正面有精美完整的门窗结构，柱子与墙壁融为一体，柱础石雕刻精美，顶部屋檐造型丰富，双坡硬山顶的正脊上有莲花、藤蔓植物叠加的连续浮雕正脊装饰。屋顶内的木构架结构为传统抬梁式，房屋面阔三间，虽然屋顶有所破损，但房屋及屋顶结构样式还清晰可考。

(3) 安定单坡顶：古镇现存的古建筑中，此类保存数量最多，比较有代表性的为史家楼院前的单坡砖瓦房和明代贾家大院的单坡双排砖瓦房。清代史家楼院单坡砖瓦房面阔三间，内部为单侧抬梁式木结构，正脊下为房屋背墙，背墙厚近四十厘米。屋内木梁下有木框吊顶网格结构，用料为横截面边长近 2.5 厘米的方形，木网格吊顶下靠墙装有少量竹条，用于室内吊顶纸张的固定。屋顶背墙的一侧还装有窄面坡顶，铺设瓦片与兽面滴水。砖瓦房正立面两侧有墀头，中间为木门，门侧有砖砌墙柱，门两侧为立式木格窗，分为上下两部分，上窗为斜十字交叉窗格，下窗为正十字窗格。窗下为高约一米的砖墙，排砖方式讲究，表面为水磨砖工艺。明代贾家单坡双排砖瓦房两排正面相对的砖瓦房分别位于南北向，都面阔五间，南边一排房保留更完整一些，坐南朝北，其中东面三间为一室，西面两间为一室，两室中有房内隔墙，隔墙上开有木门。贾家面阔五间的屋顶为古镇现存单坡顶中最宽的，贾家的单坡建筑背墙顶也有长约三十厘米的窄坡顶，上部铺有青瓦，装有和正面一样的滴水屋顶正脊两侧为植物砖浮雕装饰。

（二）装饰艺术

1. 构件组合

(1) 多变的窗棂格子：安定窑洞的窗棂格子做法多样，图案丰富。根据不同的用途与位置，使用包括榫卯、镂空、搭接、雕花、镶嵌等工艺做出各种图案窗棂格子装饰。比如史家楼院的十字形窗棂格子，将十字相交的榫卯结构组合在一起，不用黏合剂和钉子。史家门窗上有一种由窗棂格子组合出的回字格，它就是常见的搭接做法。安定县衙顶窗天眼的气孔为卐图案，就是镂空的做法。县衙窑洞的顶窗上有丰富的线雕装饰，装饰效果玲珑精致。镶嵌多用于部分精巧造型与窗格的组合工艺。

安定常见的窗棂格子每个部分都有常见的图案做法。天眼：单孔天窗、双孔天窗、方形孔窗、菱形孔窗、卐字孔窗等。耳窗的窗棂格子有：斜十字式、匀称满布方格式、回字格、工字格等做法。天窗、夹窗、座窗由于外边框均为方形，图案经常互相混用，具体原则还看窑洞主人的喜好，常采用的窗格图案有喜字形、灯笼形、回字形、王字形、菱形等，整体构图常见的做法是中心对称式，无中心式、上下对称组合式、左右对称组合式，交叉方式有十字交叉与斜十字两种，通常还会在窗棂格子图案的中心用云纹、钱币等曲线木料与直线木料相配合，使其更加丰富。

窗棂格子的艺术造型全部由直棱直角的长条木料组合而成，虽然配有少量的曲线，但是大多造型都由直线窗棂格子组合完成，丰富的变化与沟通体现了工匠的技艺与千百年的民间审美。经过历史长河的积淀与洗礼，现存的窗格图案在富有变化的同时，非常严谨与成熟，严格地追求各种形式的对称。主次分明、繁简有度、富有韵律。窗棂格子是陕北人审美的一种经典的物质体现。

安定的窗棂格子简单的造型中隐含了很多主人对生活的期许，包括对仕途、健康、事业、自家买卖商贸等的期许。从事不同事业的人有着不同的生活期许，所以各家院子的窗棂格子丰富多样，富有差异性、多样性，这是各家各户对生活愿景的一种寄托，共同构成了丰富的窑洞景观。

（2）多种做法的拱券应用：拱券是一种建筑结构，具有良好的支撑作用和装饰作用。在国外，罗马时期建筑的半圆形拱券，哥特建筑中的尖拱，伊斯兰建筑中的马蹄形拱、三叶形拱等都有着悠久的历史与成熟的技艺。在国内，中国的拱券运用于地上建筑最早始于魏晋时期的砖制佛塔。东汉时期的筒拱、南宋后期的城门洞，明朝的筒拱无梁殿，都有着悠久的建造历史。

宋明古镇安定的拱券，从存留的现状来看，主要分为以下几种：

一是石窑单层片石拱券：使用厚约 5 ~ 10 厘米的方形石片在窑腿之上砌筑的拱券结构，石材不做过多的表面平整处理，用黄土泥浆掺杂细麦秆杂料为填充石缝之间空隙的黏合剂，砌筑出窑洞的内部筒拱。窑腿一般高在一米五以上，拱形为双心拱、三心拱等，筒拱结构只有一层，一层之上采用之字形垒砌一层层的窑腿石料。安定古镇大量清朝窑洞的内部都为此类拱，只不过有内外都用粗糙原石造拱的，也有很多内部是原石，外部窑脸为打磨整齐的石料拱券做法。

二是石窑单层方石拱券：使用横截面为梯形的立方石料，根据顶窗的圆心计算出每个梯形两侧边的夹角，或者根据各个石匠多年积累的角度、尺寸数据凿刻出大量模块化的此种石料，朝向顶窗圆心，从两边窑腿往上砌筑，最后在拱顶处会因已砌石块的误差造成最后一块石料无法嵌入，石匠往往会根据实际空缺的尺寸重新打造一块完全吻合的石料填入，保证拱形结构的美观完整。此类单层石拱每块石材表面被石匠凿有细密、平行、匀称的凿痕线，凿痕线主要起丰富窑脸视觉效果和增加石块之间摩擦力、咬合力的加固效果，石块之间用黄土泥浆黏合，窑脸是凿痕线方向不能杂乱，往往横竖组合或者斜线之字组合，排列有序。如史家世承德业建于民国的石窑，做法就是此种，至今已过一百多年还坚固如初，石缝之间依旧严丝合缝。

三是砖窑单层拱券：有两种做法，一种是用砖块的窄面朝前，垒砌出拱形，砖块之间向外的夹角缝隙用泥灰、石片、瓷片等结合填充；另一种是宽面朝前，将青砖宽面修砌成梯形，然后拼砌成拱券，此法只用于小型拱券的制造，一般面阔只在 60 ~ 70 厘米。安定的以上两种拱均为小型拱券，常见于小型窑室。

四是砖窑双层拱券：相对单层砖拱券，其结构只是在前者基础上用砖最窄小的一面砌筑出一层厚度仅四、五厘米的薄拱券，两层拱券，内厚外薄，结构上更加牢固，因为薄拱虽然薄，但是每块薄拱砖对内侧厚拱砖都起到压合的力学加固作用，同时体现在美观上，装饰线条也更加丰富。在安定民居中，它常出现在楼梯下的储藏室、酒窖、精致门洞等中、小型拱券结构。

五是砖窑四层拱券：常出现在常规主窑洞、厢窑的窑脸拱券的建造上，建成四层拱券，两窄两宽的装饰效果更加丰富，同时又能起到更好的支撑加固作用。四层拱券内外咬合、坚固一体，更好地承受上部窑顶的压力，这是力学结构与装饰作用的完美融合。此类四层砖拱券常用于史家楼院上房窑洞窑脸等处，坚实与丰富的拱券结构给窑脸增光添彩。

(3) 安定多样的墀头：墀头是古镇装饰构件中数量最多的类型之一。在破损严重的古镇民居中，墀头是研究建筑装饰艺术的重要对象。墀头是传统民居中山墙两边支撑屋檐的墙体构造，起支撑作用的同时还起到屋顶排水的挡水作用。因位置高、造型凸显，成为房屋主人装饰的重点。墀头一般由上、中、下三部分组成、上部以檐收顶，为戗檐板、呈弧形、起挑檐作用；中部称炉口、是装饰的主体，形式和图案有多种式样；下部多似须弥座，叫炉腿，有的也叫兀凳腿或花墩。

古镇墀头的装饰图案可分为四类：

一是植物类：藤蔓、牡丹、荷花、梅花等常出现在墀头须弥座上，以三面、多层连续浮雕的形式出现。二是动物类：常以麒麟、仙鹤、蝙蝠等砖浮雕样式出现在墀头上。三是文字类：寿、喜、福表达人们对生活的期许与希望，在安定墀头装饰中出现的较少。四是物品类：笔墨纸砚和象征八仙的八仙兵器扇子、花篮、横笛、莲花等。此外还有富贵不断头等连续图案作局部装饰。

根据安定墀头的装饰类型，可分为三类：

一是无雕刻型墀头：造型与装饰最为简单的墀头，只是保留墀头的基本云卷曲面造型，在上下结构转折处以砖线装饰。安定有些院子中墀头非常简陋，只用层层出挑的山墙砖做出向外出挑的墀头层层造型，不做曲面加工。

二是简雕型墀头：只做较矮的一至三层须弥座造型，配有简单的云纹线雕、藤蔓雕刻，配以简单物品图案装饰，层数较少。如郭家大院一处墀头的装饰只有一层，造型为一座须弥座，座下用透雕的做法做一圆鼓，再配有一圈小圆卯装饰。还有史家一处墀头只在须弥座上加有简单层次装饰，须弥座三面雕刻笔墨纸砚中的三个。

三是复杂型墀头：此类墀头须弥座上的层数有五层左右，装饰复杂，层级之间收方结合，装饰题材多样。如史家芝兰居院内一处墀头，须弥座下为象征八仙中的莲花、横笛，往上数第二层为内收的莲花座造型，第三层为外扩的浪花造型，第四层为富贵不断头连续纹样，为佛教中常见的一种装饰图案，最高一层为类似裙摆褶皱规律的造型砖雕。

2. 色彩应用

安定为宋明古镇，宋朝有“凡庶人家，不得施五彩为饰”，明朝有“庶民屋舍，不许饰色彩”的法规。只有宗庙建筑、宫廷皇家建筑、衙署建筑才可以使用色彩涂料对房屋进行装饰，但都有很严格的等级用色规定，富丽堂皇的色彩只属于皇家专用。所以在安定民居建筑中，受到等级制度和经济因素的制约，常用的颜色只有白色、黄土色、灰色、栗褐色、黑色几种颜色。

白色：白色只出现在少量富裕家庭的窑洞和砖瓦房的内墙。安定民居建筑的白色非常少。

黄土色：安定最常有的一种颜色，为黄土的本色。黄土是安定民居的常用材料，所以黄土色经常以各种方式展示在民居建筑上，黄土色是黄土高原大地的颜

色，色暖、素雅、温和。

灰色：为砖、石的颜色。石料是安定两边山地丘陵最易取的材料，灰砖的制作造价相对高一些，为大户人家使用。石料灰色与砖灰色本身的材料与颜色就不同，再加上不同种类的石材和砖材中又有各种灰度、颜色倾向的分类，虽然不涂刷颜料，但仅是黄砂岩、绿砂岩、黄灰砖、青灰砖等带有略微青、黄、绿颜色倾向的不同灰度的砖、石，源自不同材料与工艺，安定民居中的灰色就有丰富的差异性。所以，虽然民居院落中无涂料用色，单只是灰，例如史家芝兰居大院门楼的砖灰、影壁的砖灰、砖窑窑脸的砖灰、石窑脸的石材灰相互之间就存在微弱的灰度、倾向差异，但各自用灰又自成一体，统一不乱。

栗褐色：为木料的颜色。陕北窑洞门窗木料的栗褐色沉稳、厚重，正与图案复杂的窗棂格子相互弥补，深重的栗褐色用颜色压住窗棂格子的轻、繁、变化，反之，窗棂格子富有变化的造型又使得栗褐色不显得过于压抑、沉重。

黑色：在安定使用的较少，只有部分建筑用黑线装饰。黑色是最为压抑、抢眼、深沉的颜色，为民居中的慎用色，常以墨线的形式起装饰效果。安定县城地处黄土高原的黄土之上，在蓝天白云的映衬下，四季的植物自然景观色彩丰富。古城中民居建筑没有五彩用色，整个古镇素雅、古朴，但细观之中又富有变化，这种素雅低调的用色智慧比色彩艳丽的用色方式更加高明。

五、安定古镇窑洞民居造型的内涵之美

（一）农耕观

陕北是农耕文明的发祥地，安定民居中的人们大多依靠农耕生活，过着面朝黄土背朝天的生活，祖祖辈辈生活在这片土地上。陕北的农耕文明主要体现在两个方面：

一是图案装饰饱含对农耕的期许。象征风调雨顺的窗棂格子图案，期许丰收的植物、水果砖雕刻，期许多子多福的石榴、莲花、葡萄等都是农耕文明家家户户对人口劳动力的期许。

二是对道教文化中山神、土地、龙王的崇拜，体现在民居中就是几乎家家户户雕刻精致，位置、朝向方位讲究的神龛。每到正月初一、十五等农历节日，家家户户都得上香，祭拜土地神、山神。每个村镇都有龙王庙，每年都有固定的节日，农户们集体供奉龙王，祈求风调雨顺。

（二）商贸观

安定为古丝绸之路北线沿途重镇，同时也是中原与蒙古商贸往来的必经之地，无论是从东西线，还是南北线，安定自古就是商业重镇。安定自宋称为安定堡，元朝升为安定县，历朝历代商贸往来不断。安定民居中商人的数量不在少数。商贸观体现在民居建筑中，主要有以下两个方面：

一是建筑装饰图案表达对自家商贸顺利的期许，比如很多窑脸就用青砖摆砌圆形方孔钱的连续造型，家底殷实者做法更为讲究，比如郭家窑洞用几百片青瓦垒砌拼合出六层连续的钱币拼瓦女儿墙，既是美好的装饰又含美好的生活期许。

二是体现在院落的布局上，安定院落中有很多都是“前商后宅”的院落模式，前面为临街商铺，人们平时在商铺里忙活自家生意、接待顾客，晚上回后院窑洞休息，例如郭家大院。

（三）戍边观

安定地处我国北方，自古就是战略要地，素有“西塞要径”之名。北宋时期安定就是防御型古堡，后来历经各个朝代，城墙规模变得宏大。戍边文化自古就是北方男儿从小所受的教育熏陶，自古就提倡男儿应当以保家卫国为荣。身处北方，戍边文化更加广泛。体现在安定建筑艺术上主要有两个层面：

一是窑脸的女儿墙、窑壁、窑基上中下三层比例与城墙的墙头、墙身、墙基比例美感一致，再加上都是砖石砌筑，外观恢宏，气势雄壮，符合北方戍边审美。

二是体现在安定的古堡建筑形态。安定北宋为防御型古堡，现存的窑内母子拱，还有各式的拱券结构，包括民国县衙的十字拱，都源于北宋古堡防御建筑中小型拱券结构建筑的历史传承。

（四）教育观

教育是每个家族的头等大事，家族的教育包括家风、知识等多层面的教育。安定建筑艺术中体现窑居主人教育观的主要有两个方面：

一是家训匾额。安定门楼、窑脸石匾额上经常出现家族家训题词，如“世承德业”“陶公业”“勤俭持家”等都是安定古镇常见的家训题词，传承着家族的教育观，期望世代相传。

二是在古代科举制的时代背景中，尊重读书人，崇尚读书，安定很多院落中

就有雕刻代表书香世家的文房四宝图案，笔、墨、纸、砚浮雕，代表了家族的育人理念以及长辈对晚辈的期许与教育观。安定就曾出有明万历年间天下第一廉吏薛文周，现在的贾家大院相传就是他的老宅。

六、安定建筑设计的创新与传承原则

面对安定这样的历史古镇，本人在考察过程中感触很深。安定古镇面对钟山石窟、祖师山道观，受其影响数百年。考察途中本人经常看到精美的建筑构件，折服于古代工匠的技艺与建筑的魅力。然而现如今，安定古镇中大多数建筑都损毁殆尽。面对这样的古镇，在去其他地方考察的过程中，本人见到的大多是将古镇几乎拆毁重建，建造一批仿古商业建筑，只为能引来更多的游客。这种做法在很多古镇都很常见，但是往往都失去了建筑原有的面貌与韵味，更大的损失是失去了隐含在传统建筑中珍贵的建筑文化，这是一座座古镇的文化核心。这些传统民居不应该被拆毁，而应该被传承，那么，应该如何抢救性发掘并传承这些即将消逝的传统民居，本人在此仅提出一点心得：

(1) 从现存遗迹中寻找当地建筑特色，不可照搬照抄：由于陕北很多古镇地处偏僻的山区，明清时期又很少留有照片，那么研究古建筑最好的方式就是到现场去看，这是认识每一个古镇的建筑文化最直接、最有效的方式，很多宝贵的信息都需要这样去搜寻。每一个地方的古建筑都有各自的特色，如果随意照搬照抄，将其他地方的建筑做法直接搬过来，那几乎是在摧毁一座城的建筑历史。

(2) 寻找重要见证者，他的眼睛就是最好的古建记录：很多古城有较多历史的见证者，他们曾目睹过已被摧毁的大量古建筑，对于研究当地的古建事业来说，这种见证人是最为宝贵的建筑文化记录者。通过深入沟通与交流，可以借用多种古建图片和做法，让其辨认与口述，甚至是帮其描绘技艺中的古建做法及文化内涵。这类见证者往往年数已高，对于古建研究事业，是宝贵的资源库。

(3) 追寻当地工匠，寻找传承与做法：陕北很多地方的古建筑虽然已经损毁殆尽，但是制作它们的工艺还在。通过师徒相传的方式，很多传统的窑洞建筑工艺与做法，被一代代石匠、木匠、风水师的徒弟们传承。寻找当地传承名匠技艺的工匠，就像是发掘一座座待开发的宝藏，对学术领域传承、记录传统建筑文化和古建筑文化发掘事业，意义深远。

(4) 从当地民俗与宗教文化中发掘信息：很多古镇的建筑虽然损毁殆尽，但是民俗文化却发扬、传承得不错，就像安定的唢呐、道情、秧歌、说书、饮食文化、钟山佛教文化，祖师山道教文化、城隍庙市井文化、衙署文化等。这些非物质文化遗产很多都还在，了解这些文化，对于复原和再生本地的建筑文化意义深刻。

由于安定古镇的窑洞建筑艺术是陕北民居建筑艺术的重要组成部分，具有典型性、代表性，故对陕北安定古镇古建筑损毁严重的现状进行抢救性研究有着重要的意义。安定古镇自宋朝至今的一千多年里曾经存在过大量丰富的建筑形式，笔者所涉及的只是现存的民居，主要是清朝、民国时期存留下来的破坏严重的遗存建筑。笔者同时对周边村落、周边县区的多个代表性窑洞民居进行研究，在考察期间所收集的珍贵一手资料，对于陕北民居来说，有着重要的、不可替代的作用和意义。

笔者着重对安定古镇传统窑洞民居的内涵在艺术表现形式和审美价值的理论层面进行了系统的分析比较。诸如，建筑样式中的女儿墙、窗棂格子、窑脸雕刻在主窑、厢窑上的主次区分所体现的古代礼乐秩序；古镇戍边功能对院落选址与朝向的影响；道教命相学与土地神龛崇拜对院落空间与方位的影响；取石于山，融于自然的石料加工与智慧；实心堆土建窑法与木支架建窑法的具体工艺；窑洞民居艺术中的农耕观、教育观等内涵文化等。

第三节　陕北窑洞建筑装饰纹样的地区特点

陕北窑洞建筑艺术是炎黄子孙优秀的传统文化，它是一个民族的艺术精华以及道德观念的体现，更是这片黄土地古老的深层文化。独特的地理因素使得其具有独特的造型艺术。笔者从陕北的地理特点、传统的民俗观以及独特的造型特点去分析，对窑洞建筑装饰纹样的地区特点进行研究分析，从而得出陕北窑洞的建筑装饰风格有粗狂、浑厚、简单大方等特点，展示出窑洞建筑民居带给我们的震撼之感与艺术魅力。

“山丹丹（的那个）开花（呦）红艳艳，毛主席领导咱打江山……”多么熟悉的歌声，多么动人的旋律，它让我们仿佛置身于那片黄土地上，感受着那里浓浓的黄土风情。陕北，一个孕育着黄土文化的美丽地方，在这里似乎有着不可抵挡的魅力，吸引着众多的文人、艺术家们去探讨研究。

提到陕北，人们的第一印象似乎都会想到窑洞。窑洞是一种独特的民居建筑，特殊的地理因素使它成为一件天然的艺术品。陕北地处黄土高原，在这片土地上，陕北人民创造出丰富多彩、绚丽多姿的黄土文化，信天游、腰鼓、胸鼓、剪纸、面花、皮影等等。窑洞是建筑艺术中最为特殊的一种，那么窑洞艺术就更值得我们去探讨研究了。

一、地理特点及其历史渊源

陕西地势的总特点是南北高、中部低，同时，地势由西向东倾斜的特点也很明显。北山和秦岭把陕西分为三大自然区域：北部是陕北高原，中部是关中平原，南部是秦巴山地。从地理概况来看，陕北黄土高原位于“北山”以北，是我国黄土高原的中心部分，其北部为风沙区，南部是丘陵沟壑区，畜牧业较为发达，煤、石油、天然气储量丰富。陕北在地理上有着特殊的样貌，也正是这样的独特性，才有这些独特的建筑群体出现，给人们带来震撼心扉、宏伟壮观的建筑艺术。

窑洞可谓是人类建筑起源，掘穴而居是人类建筑文化的母型。据考，轩辕皇帝的部落在陕北大地的时候，曾挖人工洞穴以作藏身之用。经过几千年的繁衍变化，原始洞穴逐步发展成为目前的土窑、砖窑、石窑洞。古时候的陕北是中原通往边塞的要道，曾是我国历代王朝的战略要地，秦朝蒙恬，汉代李光，唐代郭子仪，宋代沈括、种愕、范仲淹等名将重臣均曾率兵在陕北这块土地上屯戍驻守。由于长期战乱的影响，完整的古建留存很少。随着岁月的变迁，陕北现有的传统民居基本上都是清末或民国初年的，明代的已较少，而窑洞的装饰也具有很强烈的清代风格。因为长年战乱，来自五湖四海的军士、将领或多或少、有意无意地会将他乡的文化传入。例如，榆林城自明中叶以来，居住着众多的在任或赋闲的文官武将，除此还有许多边客豪富，其中来自京都的军官住不惯榆林的窑洞，就仿照北京的四合院在榆林城建起了第一座四合院，后来人们纷纷效仿，形成了到处都是四合院的城市格局。因为它的街道、巷道、四合院都非常类似北京，所以榆林又有“小北京”之称。这样就造成了陕北窑洞庄园的雏形，为后来窑洞庄园的修建发展起到了良好的推动作用，也因此形成了独特的窑洞建筑风格，其中以米脂县的姜氏庄园、常氏庄园为这个时期影响下的代表建筑。

二、陕北窑洞建筑装饰纹样的地区特点

建筑随时代的变迁不断进步与改善，民居建筑装饰在继承传统装饰的同时，又适应了本地区环境及人文风俗特点并进行了相应的改进，从而形成了“地区特色”的装饰风格。我国各地民居形式多样，其中的装饰纹样也各具特色。虽然民居中的装饰纹样没有宫室式建筑那样的富丽堂皇，但也十分精致、别具韵味，民居装饰更加灵活、自由，于细微之处显示出劳动人民特有的审美取向和对生活的热爱。图案的主题形象多不以写实的形式出现，而是通过一定的艺术手段将其组合搭配，表达出较为丰富的内涵，这其中不仅包含着高超的工艺技术，还蕴涵着中国博大精深的传统文化。

陕北传统民居的装饰纹样无论从题材、风格，还是表现形式都带有浓烈的明清韵味。它从屋脊到影壁、从瓦当到窗棂格子，具有很强实用功能。纹样的常见题材包括动物、植物、民间传说等。其表现形式以木雕刻为主，砖雕与石雕为辅。木雕纹样细腻紧凑，石雕圆润大方，砖雕结构饱满、刀法娴熟，“三雕”表现突出图案的材质美感，并且使图案的材质美与民居的功能性有机结合。这些都是陕北民居明清风格的有力表现。

（一）陕北窑洞建筑装饰纹样的民俗观特点

陕北人的文化观具有一定的原始性和传统性，有些观念根深蒂固。

第一，从陕北建筑装饰的民俗观来看，陕北人民的传统性被体现得淋漓尽致。

一是生育观。天地相交，阴阳相合，生生不息，用生殖崇拜展开的阴阳二元论是中国文化最深层的结构之一，是数千年中国民族思想的基础，在陕北，这种文化观念表现得尤为突出。其纹样表现在盘长、蛇抱九颗蛋、蛇盘兔、荷花鹭鹭、瓜、鼠食葡萄、石榴、莲生贵子等等，都是表现出陕北人民的浓厚生育观，希望家族兴旺，多子多孙多福。二是“五福”“三多”观。五福指福、禄、寿、喜、财，三多指多福、多寿、多男子。后来人们以三种果品祝福三多，这三种果品分别是食之长寿的桃、子多的石榴和佛手。“寿”“八仙”“佛手”等，都是代表了五福三多的观念。在陕北装饰纹样中，这些观念的表达最为多见。第三是书香门第、功成名就观。纹样表现在“琴棋书画”“喜报三元”“五子登科”“天王赐官”“旭日东升”“金猴立顶”等等。四是宗教文化观。五是其他

寓意的观念，如“步步绵”“祥云纹”“鱼”等，为步步绵纹样。

第二，是文字观。文字表现最多的为“寿”字、“福”字。最后是数字观，这个也是窑洞装饰的一大特色。

（二）陕北窑洞建筑装饰纹样的图案造型特点

从窑洞建筑装饰纹样的图案造型特点上来看，窑洞建筑装饰纹样也是很有特点的。陕北窑洞门窗纹样基本都是由线与象形图形构成。

首先在窑洞门窗纹样的造型中，线的运用最为简单、普遍，也最为常用。直线与直线的结合、直线与斜线的结合、直线与曲线的结合等等，用这些线相互组合构成一幅幅美观大方的图案。例如，有的图中四个纹样均为方窗部位的装饰纹样。在正方形中进行装饰，这是基于满足陕北窑洞建筑结构中方窗装饰的特殊要求。图中为直线装饰纹样造型图，其是以直线为主要造型元素的装饰图形。如纹样中心的十字纹样造型元素，将该正方形分割成四块，每个小块中都有直线元素纹样，分别朝左、朝上、朝下作方向上的简单变化。如的图也是由若干个直线纹样作方向上的变化，横竖交错穿插，整齐而美观；再如的图，是由若干大小不一的直线层叠排列，多变却不失整体统一之美。再有的图，亦是由一个直线纹样作为中心，将方形分割成四个小方形，每个小方形中，直线作顺时针方向的变化，形成一个整齐有序的装饰纹样。这几幅方窗图案均是由直线构成，由此我们可以看出，直线元素在窑洞建筑装饰中的运用非常多，并且简单大方。

其次是象形图形的运用，这与陕北人民淳朴的民俗观也是比较相似的。窑洞门窗的装饰纹样除了以直线、斜线构成的纹样以外，象形图形的运用也很多，其中运用最多的元素有“梅花”“金钱”“桃叶”“石榴”等，并且将这些元素做了一定变形，再相互组合构成各种装饰纹样图，这样既可以使窑洞门窗的装饰有着丰富多变的造型，也能够给主人带来美好的生活寓意，真可谓是丰富多彩。还有图是由枪头和梅花的象形图形组合，枪、戟、戈、矛是古代兵器，有锐器进攻取胜之意，象征着刚强；梅花斗霜傲雪，其品性被文人雅士称颂至今，旧时梅有“五福”“四德”之说，古人常把梅比作美人，另外，梅“独先天下而春”，有报春花之称，寒梅报春，有吉祥喜庆的寓意，也预示了春天到来农人在今年将会有更多丰收。此纹样将“阳之枪头”和“阴柔之梅花”这两种看似极不相干的事物组合在一起，实则代表了阴阳二气，体现了中国古代天地是由阴阳二气构成的思想，同时阴阳也代表了女人和男人，阴阳的结合预示着男女的结合，阴阳合和，生生不息，纹样表达了幸福、圆满、子孙繁盛的观念。

由以上的分析我们可以看出陕北窑洞建筑装饰纹样的特点：整体风格简单、粗犷，纹样浑厚、大方、简练。其装饰纹样以及工匠技艺手法都是以粗犷、浑圆的风格体现，且由于窑洞本身的特殊构造，门窗的装饰上独具特色。以窑洞门窗的装饰手法来看，它都是运用线的构成形式来体现，在门窗的装饰上线的运用非常之多，并且手法精湛、纹样美观。从装饰纹样的题材内涵上来看，其着重体现在传统观念的表现，如生育观、祈福观等等。

陕北窑洞民居的形式因地域关系而呈现出独特性，因此装饰图案也具有特殊的美感，并且以细微之处体现出独特的装饰风格。陕北窑洞民居地区中依附在各个建筑构件上的装饰图案、装饰形式以及构成形式的视觉语言都给我们带来了震撼之感，更使我们惊诧于纹样体现出的艺术魅力。

第四节　陕北窑洞民居建筑装饰艺术及其民俗文化

民居建筑装饰艺术是最普遍、最活跃的一种艺术形式。从一个地区的民居建筑中，我们既可以看到鲜明的历史文化遗存，又可以感受到当地的社会风俗和浓厚的生活气息。甚至可以说，民居建筑装饰是一个地区乃至一个民族凝固的记忆财富。它们是我国广大劳动人民质朴感情和美好理想的结晶，蕴含着丰富的历史信息和文化景观，具有很高的文化内涵和艺术价值。黄土高原是我国农耕文明的发祥地，有许多美丽动人的传说和极其厚重悠长的历史底蕴，生长在这块土地上的陕北人民，其生产方式、生活方式以及意识形态都在长期的耳染目染中被深深影响，由此也影响了根植于此的民间艺术。

笔者通过对陕北窑洞民居建筑装饰的存在形式、建筑风格、民俗文化、宗教文化等方面具体分析，深入阐述陕北窑洞民居建筑装饰体现出来的艺术形式、艺术审美及陕北地区人们的文化心理，以此准确认识这种建筑文化的价值，借以唤起人们对陕北窑洞民居建筑的关注和保护，有助于地域建筑文化的继承和发展。

一、陕北地区的自然概况

陕北，特指陕西的延安和榆林地区。它是相对于陕西的陕南和关中而言的，因为它地处陕西北部，故称为陕北。该地区东隔黄河与晋西相望，西以子午岭为

界与甘肃宁夏相邻，北与内蒙古相接，南与关中的铜川相连，其范围包括榆林和延安的县区。陕北地区地处黄土高原，而窑洞就是这一地区特有的民居形式。可以说，窑洞是黄土高原的产物，也是陕北农民的象征。这里的黄土作为建筑基础具有很多优点，首先其厚度很大，有一二百米；其次是土壤的黏度和密度很大，既便于固定附着又隔水性好，是很好的建筑窑洞这一建筑类型的土地。同时，陕北地区自然环境艰苦，植被破坏严重，木材缺乏，加之陕北气候干燥少雨、这些也为窑洞创造了发展和延续的契机。

陕北地区的窑洞在气候和环境的作用下，有着冬暖夏凉、坚固耐久、造价低廉的优势，更加上窑洞防火、防噪声，对地面上的空间占用很少，既保存了珍贵的平地，又不需要大量建筑材料，其在陕北的大量普及，体现了因地制宜的优点。放眼望去，在陕北黄土高原苍凉高远、厚重广阔的背景中，结构精巧、造型美观的窑洞点缀其间，在梁上、在沟下，或单个出现、或排成一线、或连成一片，依着山势排列开去，与一层层的梯田以及漫山遍野的树、山丹丹花一起，相映成趣，显示出一种特有的乡土气息。陕北人祖祖辈辈面朝黄土背朝天，习惯了蓝天白云的自由自在，性格豪迈质朴。因此，黄土高原上点点滴滴的事物，都孕育着民间艺术形式——窑洞建筑装饰纹样的人文和环境因素。

二、陕北窑洞民居的建筑装饰艺术

建筑是人们用材料构成的供居住和使用的空间，是为了满足社会生活的实际需要，利用所掌握的物质技术手段创造的人工环境，其布局、构成、性能都是从实际实用出发的。建筑装饰对于建筑物来说是非常重要的，一方面，建筑装饰具有非常重要的实用价值，它可以保护建筑物的关键部分，是对建筑整体构造的完善和加固；另一方面，建筑装饰具有非常重要的艺术价值，起到了美化建筑物的作用。建筑的一切装饰艺术都是对结构体系和构件的加工，以美化建筑及建筑空间为目的。它用富有个性化的材料，使原本冷冰冰、缺乏生气、呆板空洞的建筑物，成了能够表达建筑者或者居住者美好感情、兴趣意志、个性爱好的兼具实用功能和欣赏功能的综合体。它是一种附加艺术，并非单独存在，能够表达一定的思想主题，反映大众的文化观念，是人们通过长时间的审美确定，经过不断筛选得到的文化艺术结晶，值得人们研究。

民居建筑作为与人民生活最密切的建筑形式，其不仅仅停留在生存、生理需求的生物层次，还是精神上的愉悦高尚层次，其装饰艺术表达一定的思想主题，反映大众的文化观念，是对美和情的追求。

陕北窑洞民居的建筑装饰艺术，渗透着长期生活在这里的人民对于这块生他们养他们的黄土地的热爱和眷恋。因为条件艰苦、原料缺乏，所以陕北窑洞民居的建筑装饰艺术不像南方传统民居那样琐细纷繁，而是具有一种北方特有的粗美，只在一些主要部位做重点装饰，但是“朴素中含真意、粗中见精细”，具有独特的地域特色，值得人们慢慢地品味、欣赏和研究。下面逐一作以下细致介绍。

（一）大门部分

门是连通户外和户内的出入口，是一栋建筑中最不可缺少的重要组成部分。作为一栋建筑第一眼的印象，门的装饰在建筑装饰中具有重要地位，是居住者身份地位、财富权势、兴趣志向、艺术品位的最直接体现，在讲究等次观念和忠实传承传统文化的陕北窑洞民居建筑装饰中，门的装饰非常重要。

1. 门匾题刻

门匾源自汉魏时期的门阀制度，陕北人民把它作为崇尚祖训、铭记历史、注重家教、爱惜名节的文化传统，以至千百年流传下来，演变成现在的门匾题刻。在民居大门的门额上制作一块长方形匾框，选取与自家姓氏相关的成语、典故或体现房主理念的一个词语镌刻其上，有的还配上吉祥图案，融书法、绘画艺术为一体，其内容或展示本户迁徙发展的历史，或叙述先辈的嘉德懿行，或表达房屋主人的行为处事准则，在褒扬先辈功绩、垂训后人创业方面，发挥了极其重要的作用。如姜氏庄园寨墙正立面镌刻主人亲笔题写的“大岳屏藩”四个大字，字体工整大方、苍劲有力，且巧妙嵌入姜氏父子的名字，又有依恃高山来抵御入侵者之意，激发意趣而遐想无穷。

2. 雀替

雀替是中国古建筑的特色构件之一。在陕北窑洞民居建筑装饰艺术中，雀替有各种各样的造型，如龙凤、草木花鸟、神仙志异、松竹鹿鹤等题材，使用的雕刻方法以透雕为主，常用的图案有回纹、云纹、龙纹，卷草纹等。

3. 额枋

额枋是柱上用于联系、承重的水平构件。随着陕北窑洞民居的建筑装饰技艺不断进步，原本功能性的额枋也被赋予了很多装饰，多以镂空雕刻并施以彩绘的形式表现出来。其题材多种多样，有八仙与暗八仙、花草兽禽、神话传说、器物纹样等。

4. 门簪

门簪是古人打扮宅院的门脸，安装在大门中槛之上。在陕北窑洞民居建筑装饰艺术中，门簪并无实际的建筑用途，只起到装饰和美化的作用。图案以四季花荟为多见，还常见“吉祥如意”“福禄寿德”“天下太平”等字样。

5. 门扇与铺首

门扇是传统建筑及家具的门部件名称，一般由门框和心板构成，是门的组成部件里最为关键和重要的一个部分，构成了门的视觉主体。在陕北窑洞民居建筑装饰艺术中，门扇是所有装饰工程必不可少的项目，不管是门扇边的包装铁皮，还是门扇上一个个突起的门钉，无不经过匠人们的精心修饰打磨。铺首大多采用兽面纹样，既属于镶嵌在门上的装饰，起美化作用，也可以手执铺首环叩门，有一定的实际作用。在陕北窑洞民居建筑装饰艺术中，铺首纹样图案多用狮子、麒麟等威猛的兽头进行装饰，取其驱邪避妖、镇宅招福的作用。

6. 抱鼓石和须弥座

抱鼓石是门枕石的一种，是作为门楼或者牌坊柱子底下起支持稳固作用的功能性构件，利用三角支撑的原理保持建筑物的稳定。在封建社会长期的发展演化过程中，抱鼓石逐渐演变为主人家对于身份地位的一种象征。在陕北传统窑洞民居中，一般大户人家的院落门口，抱鼓石的装饰都非常精美雅致，成为门第的象征，一般雕刻狮子、龙凤等显赫题材。

须弥座在抱鼓石之下，起稳固作用。须弥座早期是一种佛教建筑，平面通常呈方形，上下宽，中间逐层收窄，中间最窄的一层，称为束腰，束腰之下层为仰莲花，束腰之上为伏莲花层。其后期被广泛应用于非宗教的建筑物上，一般将座的四角及束腰等部位有雕刻（其他部位也常有花纹装饰）的石浮雕都划属这个范围，个别讲究的家庭，还会加上裙揪，以各种纹样为收边，显得精致美观。陕北民居抱鼓石下的须弥座基本采用浅浮雕的做法，内容各家不同，狮子、猴子是主题形象。

7. 柱础石

柱础石是承受房屋立柱压力的奠基石，为使落地立柱不受潮湿而腐烂，在柱脚上塾一块石墩，使柱脚与地坪隔离，起到相对的防潮作用，同时又加强了柱基的承压力。凡木架结构的房屋，柱柱皆有，缺一不可。因此，古代对础石的使用十分重视。柱础有鼓形、瓜形、花瓶型、宫灯型、六锤型、须弥座型等多种式样。

当其发展成熟后，逐渐形成了柱子的收头，使单调平直的柱身产生视觉上之变化，后人逐渐将柱础演化为带有美观功能的装饰，特别是安在正厅檐廊下的几只柱础，犹如人的眉目，不仅造型各异，并雕刻各式精致图案，成为艺术珍品，正面烘托房屋构筑规格高雅和装饰豪华。陕北民居比较讲究柱础的雕刻，有莲瓣、蟠龙等，周边饰有云纹的连续纹样。

（二）屋顶部分

屋顶是陕北窑洞民居建筑中的重要部分，继承了中国传统建筑千变万化、瑰丽多姿的屋顶类型，不论是脊饰、滴水，还是墀头等，都具有实用、装饰、寓意等功能。它既具有文化渊源和美学特征，又能体现出人文精神等内容。

1. 脊饰

在陕北窑洞民居建筑装饰中，不论是门楼、影壁，还是窑脸，在这些建筑构件的顶部两个坡顶相交产生屋脊，为防止瓦片衔接处出现漏水现象，在这些高出的脊上做出了各种线脚就成了自然的装饰。日积月累，脊饰就成了建筑装饰中的重要方面，从花草树木到祥禽瑞兽，从民间传说到神仙志异，从各种纹样到细部装饰，可谓包罗万象。

2. 吻兽

吻兽是中国古代建筑的一种脊兽，通常指正吻，又称大吻、吞脊兽，位于房屋正脊两端，也可用于墙脊上，作用在于保护角柱外皮，并起装饰作用。此外，合角吻的使用受到等级限制，只有使用正吻的屋顶才有合角吻，如果屋顶等级较低使用望兽，则转角处用合角兽，不使用合角吻。正吻位于正脊两端和垂脊的交会点，正是防水最薄弱的环节，因此其作用是加固正脊、防止渗漏。吻兽起初并非龙形，仅是由瓦当头堆砌而成的简单翘突，后逐渐形成动物形状，有凤凰、朱雀、孔雀等鸟形以及鱼龙形，有“避火”之用。在陕北窑洞民居建筑装饰艺术中，兽吻还是旧时封建社会里对于身份地位的表示，官位达五品以上，用张口兽，五品以下者，则用闭口兽。

3. 瓦当、滴水

瓦当是屋檐一层层瓦片中，位于檐边那片瓦前端的图案部分，是传统建筑的重要装饰构件，具有保护房檐和美化的作用。陕北民居屋顶的瓦当装饰有花纹、龙凤、狮头等。滴水是为防止雨水等室外水直接流下而侵蚀墙体，在房檐、窗台下边缘设置的内凹型构件。陕北民居的滴水造型，类似下垂的如意，上方饰云纹

或花纹图案。

4. 墀头

墀头就是房屋左右两侧的山墙伸出檐柱以外的顶端部分，是一个看似不很显眼的屋檐角落，大部分在门与窗位置，多用质量好的细砖制造，上面多有雕刻。在陕北窑洞民居建筑装饰艺术中，墀头的装饰题材较为广泛，有八仙过海、仙官赐福、五福捧寿、琴棋书画、龙凤呈祥、和合二仙、三阳开泰、麒麟送子、狮子滚绣球、松柏、兰花、竹、菊花、荷花、鲤鱼等寓意吉祥和人们所喜闻乐见的内容。墀头的装饰，充分体现了装饰的无处不在，使原本呆板的结构部件，具有了浓厚的艺术气息。

（三）影壁

影壁是陕北民居院落大门内外的重要装饰壁面，影壁有内外之分，外影壁起到了彰显气势的作用，内影壁更多是遮挡视线，不使路人直接透过大门看到院子的情况，更注重其功能性。院内影壁在陕北被广泛采用，因为位置关系，这类影壁就附设在厢房的山墙面上而不独立设墙。在陕北窑洞民居建筑装饰艺术中，影壁的装饰尤为重要，因为其细致的装饰和雕刻，不仅可以映衬院落门楼的气势，还可以直接彰显主人的志趣意向，其平整整块的空间也便于进行艺术创作。影壁的装饰内容主要有花鸟鱼虫、祥禽瑞兽、神话传说、民间故事等，附之以诗文对联等形式，可以体现户主人对阖家幸福、趋吉辟邪的期望。

（四）室内装饰

陕北窑洞民居建筑的室内装饰，主要有以下几个方面。一是窑洞内与土炕相连的墙壁。墙壁是用白石灰粉刷的，白亮明快，增加窑洞的亮度。这面墙壁是室内装饰的重点部位，一般上半部分用来贴年画，如印制精美的戏剧、电影、故事等图画；有文化品位的人家，贴名人字画，以显示主人的身份；也有的人家，半个墙面上贴满了孩子的奖状，以此向人们展示家风家教，贴的是奖状，透出的是骄傲和自豪，家庭能否兴旺，希望全在孩子们身上了，学习好就会有美好的前程。墙壁的下边叫炕围子，一米多高，是人们精心装饰的部分，一般由油漆粉刷，既干净又美观，讲究一些的人家要在上面画画，其题材有花鸟树木、祥禽瑞兽、神话传说等，多寓意富贵吉祥、长住久安、家庭美满等。二是锅台部分。锅台多数是用陕北的石板制作而成。陕北的石板很有名，不但坚实耐用，而且光亮美观，爱干净的女主人经常把锅台擦得油光明亮，来客能从锅台是否干净判断出女主人是否能干。三是炕沿石。陕北窑洞都是大土炕，炕上可以睡5、6人。炕沿石是由厚石条连接而成，有地位的人家炕沿石是经过精心打磨的，既光滑又美观大方，经常是一尘不染，光亮照人。四是与炕围子相对的另一面墙壁。这面墙壁上一般用来悬挂全家人的相框和艺术品，是装饰的重点，能体现出主人的身份、地位、兴趣、爱好和文化品位。

三、陕北窑洞民居建筑装饰纹饰图案与民俗文化

民俗文化是一个很大的概念，指一个国家、民族、地区中生活的广大劳动人民在长期的生产生活中所产生的约定俗成的生活习惯，具有普遍性和传承性，包含各种物质文化现象。可以说，民俗文化是人民大众的风俗生活文化的统称。民俗文化增强了民族的认同，强化了民族精神，塑造了民族品格，是一种很宝贵的精神财富。

陕北窑洞民居的建筑装饰元素，其装饰题材涉及众多，是广大富有智慧的劳动人民通过长期的社会实践，逐渐形成的种种约定俗成的集体认同，是当地风土人情、生活趣味与审美观点的积累，根植于这里的民俗文化。其题材有各种花草树木，比如牡丹、莲花、石植、松竹等；有大量祥禽瑞兽，比如龙凤、麒麟、喜鹊、仙鹤等；有很多人物传说和神话赐福的故事；还有吉祥器物以及大量的寓意吉祥的图案文字纹样等。这些题材经过抽象简化演变，最终成为一种蕴含意味的适合门窗建筑工艺的纹样艺术。其所折射出来的，是陕北人的审美和信仰等民俗心态和思想意识观念，是广大劳动人民最纯朴的希望，通过此类题材来表达生殖繁衍、祈福纳祥、延年益寿的美好感情。它既是实际存在的实体建筑装饰艺术，又是精神层面的文化形态。

（一）花草树木类

1. 梅花。岁寒三友梅居其一，梅能于老干发新枝，又能御寒开花，故古人用以象征不老不衰。梅瓣为五瓣，陕北民间又借此表示五福：福、禄、寿、喜、财。因此，梅花纹样是最喜闻乐见的传统寓意纹样。在陕北窑洞民居中，梅花常常与长矛相配，作为窗棂图案，称为“枪头梅花格”，枪头代表了阳刚，有锐意进取之意，梅花则多与女性相连，取梅花美丽坚贞之意，代表了阴柔。这两者结合到一起，有阴阳调和、生生不息之意，表达了广大劳动人民希望家庭幸福美满，子孙

后代繁荣昌盛的美好感情。

2. 莲花。莲花是我国传统花舟。《尔雅》中有“荷，芙渠……其实莲”的记载，荷古名芙渠或芙蓉，盛开时花朵较大，结果时可观赏。自佛教传入我国以来，便以莲花作为佛教标志，代表“净土”，象征“纯洁”，寓意“吉祥”。莲花因此在佛教艺术中成了主要装饰题材。尤其在南北朝时期，随着佛教的广泛传播，极为流行，此后历代亦较盛行，是民间常用的寓意。在陕北窑洞民居中，经常可见莲花与鹭鸶相配，有夫妻恩爱、生生不息的意思。而莲子也代表“贵子”，“莲生贵子”寓意早生贵子、连续生子，有期盼家庭繁衍昌盛、多子多福之意。

3. 福瓜。瓜象征着对太平盛世的期盼，多用于岁首祝颂吉祥、预兆好运。雕有福瓜的图案，如果是冬瓜，即寓意“福如东海”，雕为南瓜，即寓意“寿比南山”。瓜又为藤本植物，藤蔓绵延，结果累累，籽粒繁多，比喻子孙延绵不断，所以福瓜有多子多福的寓意。在陕北，瓜的造型不仅被雕刻在墀头上，有的人家还别出心裁，将室内门墩以“瓜”形的样子来装饰。

4. 葡萄。葡萄是非常常见的传统吉祥图案，因为种下一颗葡萄籽，就可以长出成千上万的葡萄，预示“多子多福”(寓意人丁兴旺)、“一本万利”(种一颗种子，结上万个果实)、“紫气东来”(其颜色为紫色)。因葡萄结实累累，用来比喻丰收，象征为人事业及各方面都成功。成串的葡萄，寓意多多益善、果实累累，突出的是“多子多福”的寓意。陕北多把鼠与葡萄结合在一起，是为“鼠食葡萄”，在人们眼里，鼠也是多子的代表，图案寓意为家庭幸福美满、多子多福，万事吉祥如意。

5. 牡丹。牡丹象征着高贵，气质典雅，历史上早有国色天香之说，它的雍容华贵在许多文学艺术作品中都有充分的表达。其繁于大唐盛世，是盛世之花，花大色美，乃众花之王，此时就家喻户晓。清朝时有一位亲王到极乐寺观赏牡丹，题匾曰：“国花寺”，可见在清朝，牡丹就已戴上国花的桂冠。中国民间历来就以牡丹作为富贵吉祥的象征，至今也是如此。它广泛应用于雕塑、雕刻、绘画、印染、剪纸、插花、装饰、园林等艺术形式中，也是陕北民居建筑装饰艺术中表现得比较多的题材，寓意富贵吉祥、繁荣昌盛、幸福美满。牡丹常常与凤凰相配，是为“凤凰戏牡丹”。晚唐诗人皮日休《牡丹》诗曰：“落尽残红始吐芳，佳名唤作百花王。”宋杨万里《赋益公平园牡丹白花青绿》诗曰：“东皇封作万花王，更赐珍华出尚方。”东皇是民间传说中的司春之神，管理百花，可见牡丹是人民群众公认的“花王”。凤凰是“百鸟之王”，牡丹是“百花之王”，牡丹与凤凰组图，寓意“吉祥喜庆，婚姻美满”。

6. 葫芦。葫芦是一种常见的植物，在陕北窑洞民居建筑装饰艺术中，葫芦是一个重要的装饰物象。葫芦与“福禄”谐音，既有福又有禄，两全其美，是大吉大利的象征，深受广大劳动人民喜爱。葫芦还有一个特点值得称道，就是葫芦多籽，所以自古以来人们把葫芦作为“繁衍生育、多子多孙”的吉祥物。此外，葫芦作为一种古已有之的植物，在各种神话传说中都扮演着重要的角色，不管是太上老君的仙葫芦，还是神医的药葫芦，都是具有仙灵能力，是可以趋吉辟邪的灵物，所以葫芦有大吉大利、多子多福、趋吉辟邪的象征，成为常见的吉祥题材。

（二）祥禽瑞兽类

(1) 龙。龙在中国传统文化中是权势、高贵、尊荣的象征，又是幸运和成功的标志。在陕北民居建筑中，人们对龙眷顾有加，龙被赋予了多重寓意。龙有升腾向上之势，寓意前途顺达；“龙”与“隆”谐音，取生意兴隆之意；而学子考试，无不期望“跳跃龙门”；联姻家长则寻找“龙凤配”，希望儿女龙凤和鸣、恩爱一生。此外，龙还和其他物象进行组合，进而表达更多寓意，比如飞龙在天空中翻腾，祥云相伴，或穿越海天，波涛激荡，戏耍龙珠，龙态生动，称为“双龙戏珠”，寓意大业有成、前途无量、生意兴隆、财源广进；又如龙与凤组合，称为龙凤呈祥，寓意龙凤于飞、天长地久。总之“图必有意，意必吉祥”。由此可见，龙文化在陕北建筑装饰艺术中表现得淋漓尽致，具有重要地位。

(2) 凤凰。凤凰是传说中的瑞鸟，雄称凤雌称凰，为百鸟之王，羽毛极美，象征美丽人生。凤凰在天空飞翔的姿态优雅，其品性高贵，其威势非常，在陕北民居建筑装饰的题材中，是家门显赫、喜庆吉祥的象征。其装饰形象有时单体出现，更多的是与牡丹组图，或者与梧桐树组合，或是与群鸟组图，多有富贵之意。

(3) 麒麟。麒麟与龙、凤相似，同为祥瑞仙兽。在陕北民居建筑装饰艺术中，麒麟也是一个十分常见的意象。麒麟在民间神话中掌送子之职，一般陕北民间借此求拜生育得子，有家庭美满之意；麒麟有“仁兽”之称，相传乐善好施，最喜欢对善良之人施以援手，所以素来受到广大劳动人民的喜爱，加之其传统的祥瑞仙兽形象，比之龙凤的气势威严，更有一层可爱亲切之意。其形象生动、憨态可掬，是陕北民居建筑装饰中常见的题材。

(4) 鹤与鹿。鹤：古传说鹤是仙禽，神人驾鹤升天，所以又称“仙鹤”。鹤在民间传说和神话故事里有长寿之名，所以又有“鹤寿千年”之说，寓意延年益寿。鹿：鹿的谐音是“禄”字，既代表了加官晋爵，又在民间传说里有长寿之意。鹿和鹤都是民间传说中代表健康长寿的灵物。在神话传说中，南极仙翁有两个徒弟，一个是鹿仙子，一个是鹤仙子，都代表了吉祥长寿、平安美满，深得广大劳动人民喜爱。在陕北民居建筑中，鹿与鹤连在一起，被称作“鹿鹤同春”；而“松鹿竹鹤”，寓意国泰民安、社会稳定、日月生辉、福寿无疆。

(5) 蝙蝠。蝙蝠意象运用于民间装饰，是广大劳动人民智慧的体现。蝙蝠作为一种酷似老鼠的动物，其形象和昼伏夜出的习性原本是不大招人喜欢的，但因为蝙蝠的“蝠”与“福”同音，所以蝙蝠在广大劳动人民眼中属于瑞兽，在很多祝贺的图案装饰纹样里都有蝙蝠。蝙蝠的造型在陕北民居建筑装饰艺术中，是综合运用了寓意象征、谐音指代等手法的重要意象。在陕北传统装饰中，蝙蝠体态柔和，飞翔时动作舒展，活灵活现逗人喜爱。蝙蝠能够与很多物象进行组合，如把蝙蝠和岩石组合在一起，称为“寿山福海”，这是根据“福如东海寿比南山”而作；把蝙蝠和铜钱搭配在一起，称为“福在眼前”，寓意为可以获得无尽的福气和财运。此外还有“二福捧寿”和“五福捧寿”等，都是取了蝙蝠的吉祥赐福、平安长寿之意。

(6) 燕子。在陕北人的心目中，燕子是个“吉祥鸟”，很受人们的喜爱。燕子在谁家的屋檐下做窝，就意味着谁家一年吉祥如意，有喜事临门。燕子很灵巧，像能工巧匠，把河滩的泥和柴火一口一口地衔来，一层一层地做起一个漂亮坚固的安乐窝，然后抱蛋孵子。燕子是勤劳的象征。燕子只吃害虫，不吃庄稼，是庄稼人的朋友，备受人们的关爱。燕子经常出双入对，嘴衔虫子哺育小燕子，象征着夫妻恩爱、同甘共苦、心心相印，是人们心目中向往的偶像。由于人们在燕子身上寄寓了如此多的美好愿望，所以，在陕北窑洞民居建筑装饰艺术图案中，处处可以看到燕子的身姿。陕北艺人用艺术的手法，把燕子描绘得多姿多彩、美轮美奂，给人带来美的享受。

(7) 牛。陕北乡村世世代代靠种田过活，大片的山地主要靠黄牛耕种。黄牛承担了最重的苦力，是人类的朋友。陕北人对黄牛有着特殊的感情，人们把吃苦耐劳、勤勤恳恳、忍辱负重、只求奉献、不求索取等优秀品质都集中到了黄牛身上。所以在陕北窑洞民居建筑装饰艺术中，有许多黄牛的图案，以此寄寓了发扬这些品格的美好内涵。

（三）神话传说类

(1) 天官赐福。旧历正月十五日，谓天官下降赐福，称上元节。《梁元帝旨要》:“上元为天官赐福之辰。”在陕北建筑装饰中，常见表达这一意象的图案，图中包括天官人物及蝙蝠，天官头戴如意翅丞相帽，五绺长髯，身穿绣龙红袍，扎玉带，怀抱如意。装饰图案以天官、蝙蝠为主，“蝠”与“福”同音，借以表达吉祥、天官降福之意。

(2) 文王访贤。千古美谈的“文王访贤”及“愿者上钩”的故事，3000年以前，73岁高龄的村野山夫姜尚姜子牙才学饱旷、足智多谋，在渭水之畔的潘溪用直钩钓鱼，最终为周文王访得而拜为相。在米脂县姜氏庄园的影壁上可以看到这一意象的砖雕纹饰，表现了居住主人想大展宏图的心愿。

（四）吉祥器物类

(1) 祥云。从古至今，祥云都是我国传统的重要装饰形象。云在我国古今匠人眼中具有各种优美的形态，不论是静止的云、行走的云、大团的云，还是虚无缥缈的云，无不在他们手下艺术化成为优美抽象的意象。在陕北窑洞民居建筑装饰艺术中，云大都作为背景出现在神话传说、风景人物中，渲染意境，表达祥和平安、美满幸福的寓意，是一种非常常见的装饰题材。

(2) 琴棋书画。在古代，琴棋书画作为文人雅士的爱好，非常流行。琴棋书画分指古琴、围棋、书法、绘画，是文人雅士修身养性、艺术造诣的集中体现，其技艺本身就非常优雅、可以凸显出很强的艺术气息。后人遂将这四个意象合在一起，成了一个泛指。“琴”，多指古琴，亦称“七弦琴”，是我国最古老的弹拨乐器，含蓄、深邃，我国古音乐文化的代表。琴棋书画中，“琴”居首位，说明琴在古人心目中地位之高。“棋”，主要指围棋，棋之鼻祖，几千年来长盛不衰，蕴含中国传统文化的智慧与灵性。“书”，指书法，以汉字为表现对象，是中国独有的传承文明的载体。“画”，指国画，以描绘山水、器物、花鸟、人物为主，色调单纯明快、画风写意抽象，具有独立的美学体系和鲜明的民族风格。琴棋书画，博大精深、格调高雅，代代相传、延绵不息，具有鲜明的中华传统特色和深刻的文化内涵，是中华民族优秀文化遗产中的瑰宝。在陕北装饰艺术中，该意象被人们用来表现文人雅士高雅的生活情操，同时也寄寓自己高尚的生活情调。

（五）文字纹样类

(1) 寿字体。古往今来，人们对于健康长寿的追求一直没有中断过，年岁长久地被恭颂为长寿，其人也被尊称为寿星。经过种种发展，这也成了民间传统文化中一种吉祥的意象。如果家族中有长寿的老人，就被看作为家族兴旺的标志之一，是让人引以为荣的好事。在陕北窗洞传统建筑装饰艺术中，由寿演化而来的各种图形和纹样种类繁多，数不胜数，充分反映了劳动人民对于健康长寿的美好期盼。在这些以寿为主题的题材中，有的是直接用了“寿”字作为装饰，以字为画；有的是将“寿”字进行了夸张变形，比如圆形的寿字图，民间称为“圆寿”，寓意“寿享天年”；长方形的“寿”字意思是“长寿”；“寿”还能跟其他表示吉祥的物象进行组合，比如跟蝙蝠组合，有福山寿海、五福捧寿等寓意，与万字图案配合，与喜字图案配合等，各种各样的意象组合在一起，增强了情趣和味道。

(2) 盘长纹。盘长又称吉祥结是因为绳结的形状连绵不断、没有开头和结尾，故用它来表示佛法回环贯彻，含有长久永恒之意。佛教中此字象征庄严吉祥，常用此字装饰在佛的胸前，表示威力强大。有时寺庙殿堂的屋檐也有这种装饰。相传佛门有八宝，即法轮、宝伞、右旋螺、莲花、宝瓶、金鱼和盘长等八件宝物，又称为“八吉祥”。盘长为八宝中的第八品，佛说回环贯彻一切通明之谓，象征贯彻天地万物的本质，能够达到心物合一、无始无终和永恒不灭最高境界。盘长俗称“八吉”，象征连绵长久不断，虽列为八宝之末，但它却代表着佛门八宝的全体。在陕北民间常以此图案排在窗横和各种器物上面，好像“寿”字图案出现在各种日用器具上一样。

(3) 回纹。其是以横竖折绕组成如同“回”字形的一种传统几何装饰纹样，因其构成形式回环反复，延绵不断，回纹在民间有“富贵不断头”的说法。根据其纹样的特性，人们赋予了回纹连绵不断、吉利永远的吉祥寓意。二方连续的回纹可以呈现出整齐划一的视觉效果，所以它常被用作间隔或锁边图案，而在织锦纹样中出现的回纹通常是以四方连续的形式来进行组合的。由于回纹整齐划一而且绵延丰富，后世将回纹赋予了吉祥的寓意。在陕北建筑装饰中常见到这种纹饰装饰于抱鼓石、墀头以及窗户上。

(4) 铜钱纹。铜钱纹是一种以古钱币为题材的装饰性很强的吉祥纹饰。自秦始皇统一货币之后，铜钱纹便作为财富的象征开始流行起来，寓意招财进宝。这类图案圆圈中有内向弧形方格，似圆形方孔钱，故名铜钱纹。由于铜钱纹象征招财进宝、大富大贵，所以受到人们的喜爱，常被用于门窗、家具、建筑雕刻、地面、金银器、瓷器、玉器、铜器、刺绣、剪纸、服饰等的修饰，其中尤以门窗、地面、瓷器、家具上最为常见。

(5) 缠枝纹。缠枝纹是一种以藤蔓、卷草为原型，提取其中有特点的图案形态而构成的一类传统吉祥纹饰。缠枝纹是一个非常笼统的大类，有丰富的题材和意象，一般是取生活中常见的植物藤蔓进行艺术化的抽象和修饰，紫藤、木香、凌霄、南瓜蔓、常青藤、爬山虎等藤蔓植物都可以作为原型。这些植物本身就具有吉祥寓意，多为世人所赞咏，缠枝纹就是这些常见植物的艺术再现。此外缠枝纹经常和其他物象组合，在构图中以背景的形式出现，使整体图案紧凑，如缠枝纹与牡丹组成的“缠枝牡丹”图案；与莲花、葡萄组成的称“缠枝莲”和“缠枝葡萄”图案；与人物和鸟兽组成的称“人物鸟兽缠枝纹”等，这些图案非常繁复华美、形象生动，故寓意生生不息、万代绵长的美好愿望，从而在陕北民间装饰中被广泛应用。

(6) 步步锦纹。步步锦纹是一幅有规则的几何图案，主要由直棂和横棂组成。直棂与横棂独立地纵横着，各自端头接着对方的中部与边部形成丁字形状，直、横棂由外长而内短相接形成一步步变化的图案，寓意是人在事业上事事成功，做官会得到步步高升，同时有四方窗棂的寓意。

四、陕北窑洞民居建筑装饰艺术的文化内涵

陕北窑洞民居建筑装饰艺术中，蕴含着非常丰富的文化内涵。从上文所分析的陕北窑洞民居建筑装饰的形式和寓意两部分，我们可以认识到，广大劳动人民对于生活中存在的和发生的一些事物，都希望能表现出自己的看法。在这些看法中，就包含着自己的喜好、爱憎、赞美、歌颂、同情、期盼、诅咒、挖苦、讽刺等等。人们所处的环境、地位、身份不同，所受的教育、经历不同，就会对这些事物得出不同的看法。审美是与人的价值观、所处的地域文化有着密切的关系的，陕北窑洞民居建筑装饰艺术，反映的就是陕北人的文化心理和审美习惯。

在陕北传统窑洞民居建筑装饰中，这种内涵表现出强烈的民族性和历史性。通过各种各样数不胜数的生动美观、造型多变的图案和纹样，我们可以感受到居住者或志存高远的志向、或心境恬淡的境界、或希冀幸福平安的心情、或期盼家庭美满的心愿。这些质朴的感情，被岁月所沉淀和提炼，抽象为艺术化的造型和图案，成了意蕴深刻、形态生动的美好隐喻，由表及里、由外而内，成为一种文

化作品，供人揣摩和推敲，充分体现了广大劳动人民的博大智慧，体现了劳动人民丰富的想象力和对美好生活的向往，体现了战胜一切困难的勇气和信念，体现出中华传统文化博大精深的文化内涵。如果要将其分类，大致有以下几方面的表现形式。

（一）讲述故事

通过讲述一段故事，表达一定的思想内容，一般为民间传说或者历史人物传记。例如，在有些居院里有二十四孝的影壁或图案，其就是旧时所宣扬的二十四个极尽孝道的典型人物，序而举之，用训童蒙；又如在很多器物和建筑细部上的八仙过海图和二十八星宿图，都是通过带有情节性的装饰画面来抒发感情、启蒙心智、抑恶扬善、弘扬正气，用生动的故事来影响人、教化人、鼓舞人。

（二）谐音指代

根据个别文字的谐音组成新的事物，并予以一种新的寓意用于装饰中，体现出一种民间特有的智慧。例如，鹿代表“禄”；柿子和如意组合在一起，代表“事事如意”；菊户代表“福禄”；马和猴子组合代表“马上封侯”；蝙蝠和岩石代表“福海寿山”等等，这些都是中国传统文化寓意中一种特有的形式。

（三）象征与继承

在陕北建筑装饰中，题材意象的象征与继承特性占了很大部分。在生产生活实践中，人们根据自己的理解和美学观，对一些事物给予了某种美好的品质，以表达人们的理想、品格、兴趣和期盼等。如莲花代表高洁傲岸，坚忍不拔；喜鹤代表家庭和睦，子孙昌盛；龙代表地位尊贵，凤代表祥瑞富贵；琴棋书画代表超凡脱俗文士雅致等。

（四）寄意于数字

在陕北民居传统建筑装饰中，数字也具有重要的文化内涵，比如台阶的数量、窑洞的数量、门钉的数量等，其具体个数已经升华为某种意义的表达，代表了一定的寓意。一般来说，双数为圆满，单数表上进，“六”代表六六大顺，“九”代表天长地久，“十”代表十全十美。

在陕北民居传统建筑装饰中，广泛应用讲故事、谐音指代、象征与继承、寄意于数字等表现手法，表达人们的心理需求和美好愿望，有着丰富的民俗文化内涵，对于当今艺术界依然有着参考借鉴价值。

五、陕北窑洞民居建筑装饰的研究价值与传承保护

窑洞建筑是中国传统建筑中最生态、最朴实、最生活化、最人性化的类型之一，尤其生态性和可持续性表现得最为突出。然而随着社会的进步，人们的生活质量得到很大的提高，伴随着城镇化建设步伐的加快，大量的农村人口涌入城市，住进了城市的楼房，人们的生活方式、生活观念都有了较大改变，传统窑洞的居住模式越来越不适应现代化生活的需要，这就出现了大批村落居住的人口越来越少，甚至有不少的民居已无人居住、无人管理。有些根据陕北特色的四合院窑洞建筑，因缺乏维护，出现了倒塌毁坏现象；有些具有古香古色的建筑装饰，也因遭受风雨侵蚀而被毁坏。这就造成了地域文化特色的传统窑洞民居逐渐减少，窑洞民居的文化传统也在不知不觉中淡化。因此，陕北地区传统窑洞民居这一独具特色的建筑形式如何保护的问题就日益彰显出来。

（一）陕北窑洞民居建筑装饰的研究价值

陕北窑洞民居建筑装饰，是生活在这块土地上的人在长期的生活实践中积累、总结和创造出来的宝贵财富。其中浸透着这块土地上生存的人们的审美观、价值观、生死观、宗教信仰，揭示出陕北窑洞民居建筑装饰中的文化价值、艺术价值、社会价值、实用价值，在弘扬和传承陕北地域文化，促进农村经济繁荣中有着巨大的作用。

1. 文化价值

陕北窑洞民居建筑装饰内容丰富、图案繁多、种类齐全，有神话传说，有寓言故事，有图腾文化，有生殖崇拜，有动物、植物、文字图示，造型生动有趣，鲜活灵动，文化内涵极其丰富。陕北窑洞民居建筑装饰文化，是一种多民族文化，不同的民族在这块土地上和谐相处，共同创造了极具特色的陕北文化。研究陕北窑洞民居建筑装饰文化，可以获得中华大文化融合各民族文化的一般规律。

2. 艺术价值

陕北窑洞民居建筑装饰做工精细，精益求精，有很高的艺术价值。如陕北的剪纸，有深厚的历史文化积淀。剪纸艺人们把自己对人生的感悟、对生活的理解，都融进了自己的艺术品中，特别是对身边事物，如花草树木、飞禽走兽、生老病死、婚丧嫁娶，都可以通过自己的一双巧手，用或写实、或写意、或夸张的手法，通过剪纸活灵活现地表现出来，具有很高的艺术价值。这充分表达了艺人

们的爱憎和美学思想，也反映了陕北地域文化的鲜明特色。陕北的石雕艺术也是名扬天下的，如绥德的石狮子、石牌楼、石龙、石凤等，雕刻得生动鲜活、威风凛凛、栩栩如生。石雕品种繁多，既保持发扬了传统的艺术风格，又富有现代艺术风韵。陕北的砖雕和木雕，也有很强的地域特色，它反映出的是陕北人粗犷、豪放、大气的性格特色和不畏艰难、敢与命运抗争的英雄气概。一件件逼真生动的装饰品，凝结着无数能工巧匠的心血和对美的追求，不但有实用价值，而且有很大的艺术价值。

3. 社会价值

陕北窑洞民居建筑装饰艺术是劳动人民智慧的结晶，除了显现它的实用和美观之外，还有着一种社会伦理的性质。陕北窑洞民居中，典型的四合院建筑，反映出的就是封建社会时期的伦理道德观念，在这个封闭的庭院内，主人和佣人、长辈和晚辈，有着明显的身份地位的区别，等级分明、不能混淆，透过建筑格局，折射出人与人之间的伦理关系，也通过这种等级，维护了家庭中的秩序。通过研究这种现象，有助于了解当时的社会状况。陕北窑洞民居大多建在向阳背风的山坡根下，窑洞因地因势而建，与周围的环境形成和谐关系，体现出古人信奉人与自然和谐相处的理念。陕北窑洞民居建筑装饰表现出的是人们的美好理想愿望、价值观、审美观、家风家教，这些在无形中影响着人在社会生活中的行为规范，有利于人与人之间建立起和谐美好的道德伦理关系，具有重要的社会价值。

4. 实用价值

陕北窑洞民居建筑装饰艺术具有鲜明的实用价值，它美化着人们的生活环境，创造了浓厚的文化氛围，陶冶人们的性情，增加了人们的生活情趣，使生活变得更加美好而有意义。当你远远地望见自家高大气派的大门时，你就会油然生出一种自豪感；当你步入大门时，看到影壁精心雕刻的图案时，你将心旷神怡；当你看到窗户上贴的红红的窗花时，你会在不经意间被带入到美好的神话故事和历史传说中去，享受历史文化给你带来的精神愉悦。

陕北窑洞民居建筑装饰艺术在给人们带来精神享受的同时，还能带来丰厚的经济收入。陕北的剪纸、石狮子等产业，已经成为陕北的地域名牌，远销海内外。它在带来经济收益的同时，解决了不少人的就业问题。

陕北窑洞民居建筑装饰艺术在打造自身文化品牌、丰富地域文化内涵、推动陕北经济发展等方面，还有很大的发展空间和进一步挖掘的潜力，在新农村的建设中，也能发挥其独特的作用。

（二）陕北窑洞民居建筑装饰的保护与传承

1. 陕北窑洞民居建筑装饰现状

经过40年的改革开放，我国的综合国力得到迅速提升，城乡居民的生活水平有了极大提高，农民种地不但不再交公粮，退耕还林后，每亩地还要给农民补贴几十元钱。土地承包给农民后，农民的生产积极性得到了极大提高，农民的粮食年年丰收，连自家的粮仓都放不下，结束了几千年来吃不饱饭的历史。农民还享受公费医疗，得了病不再为治不起病发愁，初步实现了老有所依、老有所养，过上了好日子。城市楼房林立，车水马龙，一片繁荣昌盛景象。随着城镇化建设步伐的加快，大批的农民涌入城市，在城市务工经商、安家立业。随之而来的是大片的乡村民居闲置起来，在陕北农村，大批窑洞处于无人居住、无人保护、无人维修状态，塌墙破院随处可见。

有些古老的窑洞建筑，面临毁坏的危险，特别是一些有价值的窑洞建筑装饰物，也无人保护维修，破坏严重。在陕北被保护起来的窑洞民居建筑很少，只有少数典型的四合院窑洞建筑得到保护，但大多数很有些研究价值的窑洞民居未得到保护，并有被毁坏的危险，亟待采取措施予以保护。陕北窑洞民居建筑装饰的传承问题也比较严重，现在新建的窑洞，大多采用新的建筑材料加以装修，人们注重的是外在的美观洋气，装饰的文化内涵和艺术品位大大降低，传统的装饰艺术也被淡化了，这应引起足够的重视。传统民居装饰艺术的保护与传承，面临着严重的挑战。

2. 陕北窑洞民居建筑装饰的保护与传承

(1) 摸清底子，为陕北窑洞民居建筑装饰的保护打好基础。陕北地域辽阔，民居散落在山沟里，而且陕北是多民族居住之地，传统的民居建筑装饰呈现出多样性和融合性的特色。要保护好陕北窑洞民居建筑装饰艺术，首先要摸清陕北窑洞民居建筑装饰艺术的现状，组织人力调查摸底，发掘、抢救、保护陕北窑洞民居建筑装饰，对于有历史、艺术、科学价值的陕北窑洞民居建筑，要当作历史文物保护起来。对于已经破坏无法保留的陕北窑洞民居建筑应设法考证、测绘、照相，以作为历史资料保存，供研究人员研究。

(2) 传承陕北窑洞民居建筑装饰艺术，推动乡村经济发展。弘扬、传承陕北窑洞民居建筑装饰艺术，需要做的工作很多，笔者认为，重点要搞好以下几方面的工作。一是大力宣传陕北窑洞民居建筑装饰艺术，准确阐述其中蕴含的文化内涵和陕北地域文化特色，使陕北窑洞民居建筑装饰艺术得到应有的重视和地位。二是要大力发展装饰品产业，打造名牌，占领市场，在取得可观的经济效益的同时，提高陕北地域文化产业的知名度。陕北石雕就发展得很好，有上百种品牌产品行销海内外，成了陕北地方经济发展的一个亮点，也是陕北文化的名片，在地方经济建设中发挥了重要作用。由于企业化生产，大大降低了石雕产品的成本，有利于在新的民居建筑中使用装饰品，起到了推广的作用。陕北的木雕、砖雕、剪纸等传统民居建筑装饰物，都有了很大的发展，在弘扬和传承陕北地域文化方面，起到了积极的作用。三是建立窑洞民居旅游文化村，展示陕北窑洞民居建筑装饰艺术的魅力，弘扬陕北地域文化，打造新的经济增长点，促进乡村经济发展。

陕北窑洞民居建筑中，传统的四合院建筑几近消亡。古时候大户人家人口多，窑洞院落以四合院为主，四合院建筑大气、宏伟、实用，充分体现了主人的身份地位。窑洞装饰讲究，精雕细刻，具有丰富的人文精神。现在新建的民居都比较简单，实用性强，大多是简单的敞院，由正窑、厨房、大门、院墙组成的院落形式，装饰也追求简单明快，文化含量少。传统的装饰文化逐渐消失，文化传承成为一个亟待解决的问题。

第五节　陕北窑洞的陈设艺术研究

室内陈设是建筑艺术表现形式之一，建筑和室内的风格特征在很大程度上来源于室内陈设。无论是何种建筑，都少不了室内陈设等装饰艺术。陕北窑洞作为一种独特的民居形态，其室内陈设更体现出独特的精神内涵和美学追求，在中国建筑学和室内装饰艺术史上，具有浓墨重彩的地位。

一、窑洞建筑设计布局特征

（一）窗洞的建筑布局

窑洞民居被称为“没有建筑师的建筑”，这是窑洞民居最独特的地方。一般家庭，一般居民，只要有一定的劳动力，就可以在土质较好、环境较好的地方

(或依山，或靠崖) 筑造窑洞。窑洞一般属于生土建筑，或者石砌建筑，在空间上属于地下建筑 (箍窑除外)，从窑洞的布局看，一般分为单体窑洞、多体窑洞和组合窑洞。从建筑的特征上说，窑洞民居属于生态建筑，是取之于自然又融入自然的，尤其对于一些地下窑洞而言，几乎看不出其对土地的占用，也看不出其对自然的破坏，窑洞的顶部及周围，依然是花草树木。陕北窑洞在建筑布局形态方面主要体现在，山区多以靠崖式窑洞为主，平原区多为下沉式窑洞。

（二）窑洞室内陈设格局概况

窑洞室内陈设布局是与当地的文化以及经济发展相互作用的，经济发展水平以及文化发展程度决定了窑洞的室内陈设布局，同时室内陈设布局又反映和体现了当地社会经济文化的发展水平。陕北的普通窗洞建筑的室内陈设与北方民居的传统习俗基本一致，即一般都按“一炕一灶布置，火炕临窗，火灶靠炕”，这是我国北方农村民居窑洞的传统布置习惯。除此之外，通常要放置立柜、五斗柜、箱子、桌子、椅子等具有实用功能的陈设品以及花瓶、书画等精神享受与观赏之用的艺术陈设品。而这种陈设一般常见于单体窑洞或独立窑洞中。而在一些组合式窑洞中，则室内陈设主要是根据各个窑洞在筑造和使用过程中的地位和作用分别陈设的，如组合式窑洞中，客房的陈设布置与火房以及其他居室的陈设布置是具有显著差异的，而这种差异在该窑洞的功能定位之初就已经做了规定，即正方与偏房之间的室内陈设布置就是根据其功能设置而具有一定的差异性。

（三）陕北窑洞室内陈设格局特征分析

陕北窑洞民居的布局特征比较明显，尤其室内陈设，除了具有北方一般窑洞民居室内陈设的特点之外，还凸显了陕北窑洞所独有的特征。

一是窑洞室内布局设置凸显以人为本的朴素情怀。比如，在厨房中，一般会在靠墙的地方钻一个洞或棚筑一个高台，由此可以摆放油盐酱醋瓶或其他熟食品，这样设置，一方面可以节约空间，有效利用窑洞内部紧凑的空间，另一方面可以避免孩童沿炕台爬向锅台或灶台随意拿东西，由此提高了小孩的安全系数，也防止了小孩的随意取物而导致厨房卫生条件遭受破坏，等等。同时，一般炕下开设灶台或炉台，并用一个搁置挡板挡住，在冬天的时候，可以将炕和灶的温度共享，提高窑洞内的温度，而到夏天，则以挡板挡住，从而不至于因为厨房做饭而使窑洞的温度太高。这些陈设设计，都体现了最朴素的人本情怀。

二是陕北窑洞室内陈设布局讲究装饰与文化和谐统一。室内陈设显示了一种独特的民俗文化内涵和居住者的涵养及学识。在中国古代，一直有耕读传家的思想，而窑洞的室内陈设布局特点将这一思想体现得淋漓尽致，不论是普通农家还是各种商人大院，其室内陈设基本都能体现出这种思想。以窗洞内壁所挂的字画等装饰物品为例，陕北地区，农耕是其主要的生存之路，但即便是农家，也都有书画等物品作为窗洞的重要装饰物，这体现了陕北百姓“崇文重教”的思想色彩，同时，也体现了陕西省是有名的书画之乡的特征。但凡陕北窑洞室内陈设（主要以墙体装饰为主），都能看到类似于“梅兰竹菊”“富贵牡丹”“八仙过海”和“麻姑献寿”等书画。这样的室内墙壁陈设，具有古朴而文雅的精神气质，也在某种程度上满足了陕北人民渴望知识、追求知识、热爱书画的精神气质。同时，陕北窑洞室内的四壁，一般都用明亮清洁的白粉刷新，而在后来随着物质生活条件的改善，窑洞的地面也用红砖或其他砖块砌筑，从而增强了室内陈设的美感和防腐防潮性能。陕北窑洞不论是厨房还是寝室，在室内空间布局设置中都凸显了左右对称的美学思想，与中国传统的天圆地方的自然观达到了有机的契合。

三是陕北窑洞室内陈设有古朴典雅的木质家具，凸显了庄重、典雅和高贵的气质。室内陈设书柜、橱柜、小炕桌、小灶具、木箱、条桌、缸等器具，一方面体现了实用功能，另一方面也体现了装饰审美功能。尤其从室内陈设看，陕北窗洞在厅堂家具、书房家具、内室家具以及厨房家具的陈设方面非常讲究。厅堂家具陈设布置通常以八仙桌为中心，并在靠北墙陈设桌案或翅头案，旁边摆放茶几、香几和花几等，而正中则是大案等家具，上面有砚屏、钟表、胆瓶等器皿器具。大案正上方则悬挂祖宗画像或牌位，供祭祀纪念之用，有些比较考究的人家，还会专门设置用以祭祖的祠堂。厅堂案前设有八仙桌或其他台案，旁边有火盆、小板凳等，用以待客或平时自家生活之用。书房一直是具有一定知识层次的人在室内装修和陈设布局设置时必须考虑的问题，陕北窑洞也是如此，一般书房陈设除了中国古代传统的文房四宝之外，还常设酒桌、琴桌、书柜、书架、灯架等书房常用物件，其中桌椅板凳及案架则是书房室内陈设中的必需品，即使没有多少文化的普通人家，也有专门的书房或类似的书房，他们都想让自己的子孙变成有知识的人。

内室陈设设置方面，则以简约为主格调。卧室（房）中除了各种衣架、衣柜和箱子之外，室内陈设极其简约，一般只有火炕以及以火炕为中心而陈设的一些物品，如炕桌、被格、炕柜等家具。家境比较富足的则除了这些必备用品之外，还陈设有梳妆台、博古架、灯架烛台、拜匣、印厘、佛盒、神盒、经厨、经箱、屏风等。

四是窑洞民居的门窗别具艺术特色。首先，门窗多就地取材，不同木材采用不同处理方法，让这里的窑洞民居的外部设置及室内陈设显示了极强的地域文化色彩。其中院落大门多用楸木、楸木节子，因此窑洞民居的大门则多经过通体髹漆，已完全掩盖楸木的固有生理缺陷，使门窗具有较强的抗腐蚀能力，由此延长了门窗的使用寿命。而且在设置门的时候，尽可能地保留了原始楸木的天然纹理与色彩，外表经过涂蜡处理，光亮透明，显示出温静的美感。在窗子的设置方面，则更是色彩纷呈，除了涂蜡增亮处理之外，还有窗横、床花等重要的装饰，基本满足了审美观赏的需求。以门匾为例，一般不同人家的门匾设置不尽相同，有传统的祈福思想的体现，如“吉祥如意”和“福禄寿”等匾牌，也有“耕读传家”的古训式门匾，还有渴望知识，渴望进入上层社会的美好夙愿，如“进士”“武魁”等，通过这些门匾的设置，基本体现了窑洞民居主人的身份和地位。

五是剪纸等民俗文化在窑洞室内陈设中随时可以得到体现。窑洞民居本身就是一种特殊的民俗文化现象，而陕北窑洞民居的室内陈设及外部装修，都体现的是一种民俗文化现象。以室内陈设中的民俗文化现象为例，窑洞室内基本都有民间皮影戏剧、刺绣艺术、剪纸艺术等艺术的呈现。尤其是剪纸艺术作为一种扎根于民间的软装饰艺术，在陕北窑洞室内民居陈设中随时随处可见，这种装饰虽然不属于窑洞民居自身建筑的组成部分，却是陕北窑洞民居室内陈设的重要亮点，反映了陕北人的生活情态和精神风貌。剪纸与陕北的风俗习惯息息相关，兼具了时间性和空间性，是窑洞民居室内陈设设置的重要组成部分。

六是书法绘画等书画艺术陈设凸显窑洞文化品位。书法绘画是中华民族传统的艺术形态，百年来，一直绽放在世界文化艺术的舞台。书法绘画艺术陈设在窑洞民居室内，具有教化、激励、自勉、自省、警示等作用，也具有审美欣赏功能，同时还装点了窑洞民居的文化内涵和精神品位。尤其是窑洞民居作为一种特殊的民居形态，体现的是人与自然的和谐，而中国的传统国画等绘画艺术，则将人们的价值观念及审美取向体现得淋漓尽致，一些绘画艺术强烈地体现了古人对自然、社会、文艺等方面的认识。因此，郭沫若先生曾这样认为，自东周开始，古人自觉地将文字和图形广泛地运用于人居环境和造物中，是中国室内陈设的一个基本特征。正因为如此，书画艺术就一直成为民居室内陈设的重要内容之一，书画艺术进入室内陈设不仅增加了环境和室内空间的氛围与情调，也凸显了窑洞民居的审美功能。因此在陕北，无论是平民百姓，还是比较有成就的商人，抑或曾在朝廷担任重要官职的人家，其窑洞民居的室内陈设中，无论是厅堂，还是卧室、书房等，均有书画挂轴陈设其内。人居住在其内，都能充分感受到清静典雅的感觉。

七是匾额及其他文房四宝陈设于室内，增添窑洞民居的文化内涵。在窑洞民居，无论是平民百姓还是官吏商贾，其厅堂均有牌匾或匾额悬挂厅堂迎面居中的位置，或寄意、或行情。而人们在室内陈设匾额的时候，对匾额的质地及内容形式都有很高的要求。一般牌匾以木雕为主，其形式主要以书法和绘画为主，内容以“歌功颂德”“宣扬忠孝节义”“耕读传家”“仁义礼智信”等传统的伦理思想或哲学思想为主。由此，与室内其他陈设一道，将典雅的环境衬托得更具诗情画意。除此之外，笔墨纸砚等文房四宝及其他书房用品陈设其中，使陕北窑洞民居的室内陈设更加突出了书卷气息。这不是读书人家独有的室内陈设，在普通人家，其窑洞室内陈设也有陈设文房四宝等书房用品的传统和习惯，其中寄予了一种渴望知识、改变陕北人们的朴实而现实的思想诉求。

二、陕北窑洞室内陈设的文化特征

（一）陕北窑洞室内陈设文化内涵丰富，无所不包

分析窑洞室内陈设可以看出，窑洞室内陈设几乎囊括了所有与室内陈设相关的文化，凸显了窑洞文化的丰富内涵。尤其是，陕北民间艺术文化的纷繁复杂，从社会基础方面的经济活动，到相应的实际社会关系，再延伸到上层建筑的各种制度和意识等，都能看到民间艺术文化的缩影和体现。在窑洞民居室内陈设中，凸显的重要文化有家族文化、居住文化、饮食文化以及生活礼仪等，几乎囊括了陕北民间文化的全部。在家族文化方面，旧时陕北有三代以上的合居型家庭，这种家庭基业比较大，一般都崇尚“家大业大，五世其昌”的思想，因此在室内陈设中，这种思想的体现比较明显。在居住文化方面，窑洞民居室内陈设和外部建造都体现了一种传统的重视安全，相对封闭、内向内敛的居住文化思想，比如较狭窄的院落，一明两暗的筑造布局等，都体现的是民居文化中的安全思想。而在饮食文化方面，陕北窑洞民居在陈设时都有极能反映陕北饮食习惯的器皿器具的

陈设，如醋红（罐）、削面刀、蒸笼、辣子罐等。除此之外，一些节俗文化、生活礼仪等基本的民间文化，也在窑洞民居的室内陈设中表现得比较透彻。如端午、中秋、春节等传统节日到来，窑洞民居室内都会出现一些新增的陈设物品，而这些物品都与当前的节俗具有一定的联系。另外，婚丧嫁娶等礼俗文化，也在陕北窑洞民居的室内陈设中有比较明显的体现。同时，信仰和原始崇拜的思想文化，在陕北窑洞民居中，有比较强烈的反应，说明当时人们在自然科技条件不发达时，对一些自然现象难以做到科学认识，因此就心存恐惧，于是就出现祭祀和巫师等“信仰”，充分反映了陕北人民渴望平安、祈福吉祥的朴素愿望和美好追求。由此可见，陕北窑洞民居的室内陈设几乎囊括所有文化，其内涵非常丰富的。

（二）传统民间文化在窑洞民居室内陈设中的存在方式

在日常社会生活中的民间文化，是以简单实用为主，以居住生活环境中的窑洞民居和陈设为主体对美的造物。从文化角度来看，窑洞民居作为造型与结构相结合的艺术，已经成为窑洞生活的一种文化概念，而且是非常重要的一面。窑洞民居以及所属的艺术建构，是容纳文化的外部形式存在，更是与文化内涵相互映照的对应物。中国的居民传统文化的根基部分与过去被视为末梢的技艺，凝固在各种结构构造、艺术形象和形态符号中，构成了窑洞民居传统文化，并且与生活在窑洞民居中的人的观念和心态等精神内涵紧密相扣，它是中国传统文化的深刻体现。以下从室内陈设方面来探讨文化是如何存在于窑洞民居环境中的。

人的一生，从出生到归土，逢年过节、祝寿庆生、婚丧嫁娶乃至许多艺术创作和各种游戏活动，都在洞室内中进行。人们生活的各个侧面、观念和心理，都能从室内空间中找到相应的位子。这一个小小的空间，融合了天、地、人三界，从中厅到居室，集中了民间艺术的构思和创作。

陕北传统窑洞民居主要讲究的是明堂暗室，这种观念在农村民宅中最为突出。通常是把采光最好的中厅位置让给了天地神、宗族牌位或神皇等，这是民间宗教和儒家文化敬天祭祖的最为广泛、最为具体的一种表现，中厅俨然成了一个富有宗教氛围且庄严的一种场所。新年的祭祀仪式，叩拜祖宗、长辈，新婚夫妇拜天地，为长辈祝寿等一系列活动，一切关于家庭的重要活动都在此进行。暗室则恰恰相反，它强调幽暗、与明堂的采光和亮度亦大相径庭。暗室是人们日常起居的场所，多分配为夫妻寝室。中国千百年来的封建意识已经促成了民族性格的内向与含蓄，房屋生活是人生私密、隐蔽的地方，所以契合了这一需求。但人们对美的渴求是不分明暗的，充满想象的各种窗花、剪纸、年画、门神，都在显示着女主人的聪颖手巧。居室是人类居住繁衍的重要场所，人的一生都在此度过，以这里为起点，走过生命最后的历程，以这里为出发点，带着美好的希望与祝福。

（三）民俗文化生活的需求尽在窗洞设计中得到凸显

从使用者看，陕北窑洞主要以农民居住为主，经济基础差。窑洞空间的特殊性势必会带动旅游业的发展，窑洞的设计主要考虑两种人的使用需求：一种是窑民本身，另一种是旅游者。窑洞空间的本生特点能够满足当地窑民长期居住生活和旅游者短时间居住的需求。窑洞创造了具有可持续的窑民的理想居住空间，能让窑民住上适合当地经济、实用、美观、生态、环保的空间。人们在繁重的劳作或者紧张的工作之余可以在此享受如此贴近自然的生活空间，充分体现出以人为本的理念。窑洞空间生土的质感、色彩等，将居住空间与自然融为一体，给人以强烈的感官冲击和独特的视觉享受。

从空间布局看，旧时的大部分窑洞，空间呆板、利用率低，只有面向窑院一侧开窗，采光与通风较差，空间较为封闭、视野相对单一。空间功能的设定缺少现代人习惯使用的客厅接待空间与相对私密的学习空间，大人小孩没有划分独立的居住空间，缺少较为舒适的用餐环境等。新的窑洞应增设使用功能，居住窑洞兼有客厅的接待功能，划分出适合孩童学习的安静空间，加强空间与空间交流的走道空间，使窑洞空间的使用功能更加满足现代窨民的生活需求。

从审美功能看，窑洞地处黄土高原之上，黄土的浑厚质朴本身就具有天然的美感，加之生土经过人工打磨，既可以形成细腻柔美的光滑质感，又可形成肌理丰富的粗糙质感，还可经人工雕琢，形成富丽华美的镂空效果。生土的可塑性可以给人强烈的视觉冲击，我们把生土自然美与人工美很好地结合，使人的精神获得极大满足。

三、陕北窑洞室内陈设艺术对现代室内设计的启示

室内装饰设计在世界范围内已有半个多世纪的历史，室内陈设经过长期的发展，已经形成了独特的艺术语言和象征意蕴，也包含了丰富的文化思想及其建筑装饰艺术自身的规律和特点。实际上，室内装饰和陈设设计发展到当前，已不外乎“空间环境形象设计”“室内环境装饰设计”“室内物理环境设计”和“室内环境

陈设艺术设计”等最基本的部分，不论装饰设计艺术如何变化，始终是都不能超越这四个基本组成部分的。尤其随着人们物质生活水平的提高，室内装饰陈设已经越来越被重视，甚至在追求实用的同时，已经更多地转向了审美精神追求，这就给室内设计带来了重要的变革机遇。而在研究分析陕北窑洞这一民居形态的室内设计艺术之后，我们可以从中总结出其室内陈设设计对现代室内设计的启示。

（一）陕北窑洞室内陈设艺术对现代空间环境形象设计的启示

空间环境形象设计是对建筑物的空间进行内部加工处理，根据建筑学、力学等基本学科重新布置和规划建筑物空间的一种设计行为，如何解决好空间的环境布局，是建筑设计必须面临的问题。在对这一形象的设计过程中，必须充分考虑室内空间环境要满足的基本条件，如“物理机能”“生理机能”以及“心理机能”等。这在商业设计和民宅设计中都需要考虑，也是各种室内设计所必须坚持和遵循的原则。尤其随着社会经济的发展，人们可有效利用的环境空间越来越少，而为了充分有效地利用空间，真正实现人与自然的和谐发展，就需要在室内空间环境形象设计等基本设计上下功夫。而陕北窑洞民居的室内陈设以及整个窑洞民居的建筑形态，基本体现了取之于自然、用之于自然的天人合一思想，属于一种典型的生态建筑，这种建筑布局及室内陈设对现代室内空间环境形象的设计提供了重要启示，即要充分利用现代建筑设计技术，尽可能地将自然因素引入室内空间陈设设计的全过程，从而真正突出“天人合一”的自然观念，让居住者真正享受到回归自然、融入自然的感觉，从而满足他们的身心健康需要。

（二）陕北窑洞室内陈设艺术对现代室内环境装修设计的启示

室内环境装修设计是根据环境空间的处理要求，把有效的室内空间经过二次加工处理，如分割空间实体、重新规划空间陈设物品、设置空间色彩及物品色彩，从而实现空间格局、色彩、物品功能等的有机统一和协调。陕北窑洞的室内陈设设置，基本体现了古朴的统一思想和实用思想，如灶台与炕台相通，用一把火便既能够做饭又能够烧炕取暖，体现了节能思想和重复利用的思想，既节能又无环境污染，可谓一劳永逸的设计。因此说，陕北窑洞的室内陈设对现代室内环境装修设计提供了重要的经验和启示。在现代室内设计时，需要充分考虑实用、审美愉悦、节能、环保、简单、大方等理念，将“有利于大自然的生态环境”“有利于人类自身的健康和安全”“有利于居住者的精神和心理愉悦”“有利于最大限度

地合理利用空间”等基本思想作为任何空间环境装饰设计的永恒追求。

（三）陕北窑洞室内陈设艺术对现代室内物理环境设计的启示

室内物理环境设计是对室内空间环境的质量以及调节的设计，是现代设计中非常重要的组成部分，也是设计中“以人为本”思想的重要体现和必然的实现途径。尤其随着时代的发展，“人工环境和人性化的设计和营造就成了衡量室内环境质量的标准”，因此，室内物理环境设计的地位和作用将会趋于凸显。而陕北窑洞设计在采光、温度、湿度等方面，突出了充分利用自然能量的思想，这就给现代室内空间物理环境设计提供了重要启示，即在现代设计技术的辅助下，因势利导地利用自然的光、热、湿等资源，用以解决室内空间的和环境引起的问题，如陕北窑洞的“一明两暗”格局以及“炕”“灶”相通的做法，就值得现代室内物理设计借鉴和参考，其设计学的意义是不可低估的。

（四）陕北窑洞室内陈设艺术对现代室内环境陈设艺术设计的启示

室内环境陈设艺术设计主要是对室内的家具、设备、装饰物、陈设艺术品、照明灯具、绿化等方面的设计处理。室内陈设设计需要满足“使用功能要求”“精神功能要求”“现代技术要求”以及“符合地区及民族风格要求”。这些要求，是室内陈设艺术设计的生命，只有坚持和遵循这些原则，设计才有长久的生命和价值。因此，室内陈设艺术设计不能一味地求新求变，而要始终将实用性功能和审美愉悦功能结合，更要从色彩搭配等方面充分考虑。如陕北窑洞室内陈设的木质家具的色彩，炕桌、炕柜的色彩以及铺地用的砖块的色彩，都基本与窑洞这一民居形态的整体格调非常搭配。因此，它给现代室内陈设艺术设计提供的重要启示在于：在功能搭配、色调搭配等方面，需要始终坚持“人文性”“实用性”“交互性”等原则和要求，要在创新求变中坚持永恒不变的原则，即要始终突出实用功能和审美功能，并最大限度地与当地的地域风情及民族习惯搭配，否则任何表面上看似具有创意的设计，实际上都是毫无任何价值可言的。

四、窑洞室内陈设现代化革新的可能趋势

窑洞在经过很长时期的发展演进之后，已经慢慢地退出建筑民居的舞台，而且随着高楼大厦等混凝土建筑技术的发展，窑洞必然将会成为民居形态的历史，其室内陈设，也将随着时代的发展变化而有所改变，甚至会出现重要的革新。这种革新变化的发展趋势主要体现在以下几个方面：

（一）传统与现代陈设相互交融和共生

在目前及以后仍然存在的一些窑洞民居形态中，窑洞室内的陈设将出现传统与现代交融共生的局面，比如传统的刺绣艺术、建筑艺术、桌椅、雕刻艺术、观赏性的花瓶等，依然会成为陕北窑洞室内陈设的重要物件。同时，在陈设物件的材质等方面，则会逐渐以耐用、好看、轻巧的现代新型材质为主，如原始的厚重的水缸、酱缸、醋缸等陈设品，将会随着社会经济的发展而被淘汰。相反，现代电器、沙发、茶几、桌椅等实用性极强的陈设物品，将逐渐取代传统的物品。因此说，陕北窑洞室内陈设现代化的革新趋势已经非常明显，现代的实用性陈设物品将逐渐取代传统的笨重的工具，而只有一些具有观赏性的传统艺术品等精神愉悦陈设将长期存在，并与现代陈设器具相容共生。

（二）回归自然的生态陈设将得到重视

无论是窑洞这一建筑民居形态还是窑洞内部的陈设设计，都会在社会经济发展的大背景下出现一些变化。而事实上，随着城市化进程的加快，城市空间会越来越小，人们的生存环境将逐渐出现恶化或退化的趋势。这就给现代室内陈设艺术设计带来难题，而陕北窑洞室内陈设中体现的天人合一、人与自然和谐相处的思想，会进一步得到重视。尤其在室内陈设中表现出的生态观念和生态思想，已经成为现代设计思想回归的重要趋势。因此，陕北窑洞室内陈设的革新变化将依然表现在“符合现代文化特征”“符合生态节能环保的设计理念”“符合空间和谐统一”等基本思想追求方面。“无论是对空间的处理，还是在材料的搭配，或者空间配饰的选择都考虑节能、低碳、可持续性，而尽量避免非环保型的处理手段。同时，除了环保外还要考虑当地农民的经济能力，尽量不花钱或降到最低，最大限度地利用生土自身的表现力塑造空间。”

（三）在窑洞改建时继承窑洞室内陈设的一些优点

我们知道，窑洞民居是在中华民族穴居习俗的基础上发展而来的一种民居形态，但随着现代建筑艺术的发展，窑洞终将会被木质房屋、砖混房屋所取代。因此窑洞民居的改造建设将是重要发展的趋势，但即使在改造发展过程中，窑洞民居的一些室内装饰设计思想和理念，也将被继承和发扬。

比如，灯光的设计在窑顶挖发光灯槽，作为窑洞空间的普遍照明，而在土炕背景的生土凸浮雕下方向上打发光灯带，作为局部照明。再比如窑洞室内陈设中的热处理思想，在现代房屋建造以及室内装饰设计时，依然会被继承和发展。尤其陕北窑洞的厨房陈设中在墙壁砌筑高台的思想，在窑洞改造过程中，仍然将长期延续和发展。即使到现在，在锅台与面案上方的窑壁上挖放置厨具等物品的小柜，而在餐厅区域的窑壁上设置用于存放餐具的碗柜，同时还在窑壁上挖有用于存放醋缸和粮屯的大壁柜，并设有开启的柜门，有储存与防灰的功能，使空间看起来更加干净整洁。这些陈设思想和做法，将永远具有借鉴和参考意义。而与厨窑连通挖设地窖储存蔬菜等，起到冰箱的作用，在陕北窑洞的室内陈设设计中，几乎随处都可以得到印证。再比如，由于窑洞空间生土本身的潮湿，再加上单向光照，导致东北向的窑洞内更加潮湿、阴冷，故在老人卧窑与女孩卧窑中增加小窑院，不仅能够适当增加室内采光，调节室内的湿度，还可以种植浅根系的果树和低矮的蔬果植物，丰富窑民的采摘情趣和窑洞空间的视觉环境。

陕北窑洞作为一种独特的民居形态，其建筑设计以及室内装饰陈设艺术都具有非常强的美学色彩，也符合建筑学的规律和要求，同时，还与陕北当地的民俗文化风情相统一。陕北窑洞民居是中国建筑文化的宝贵遗产，窑洞的构筑形态蕴含着许多值得重视的优点，其室内陈设艺术以及外部布局特征，都体现了“节能”“合理利用资源”“人与自然和谐”“重复利用资源”等建筑美学思想和原则，是现代室内陈设艺术乃至整个建筑装饰艺术都必须重新思考的问题。

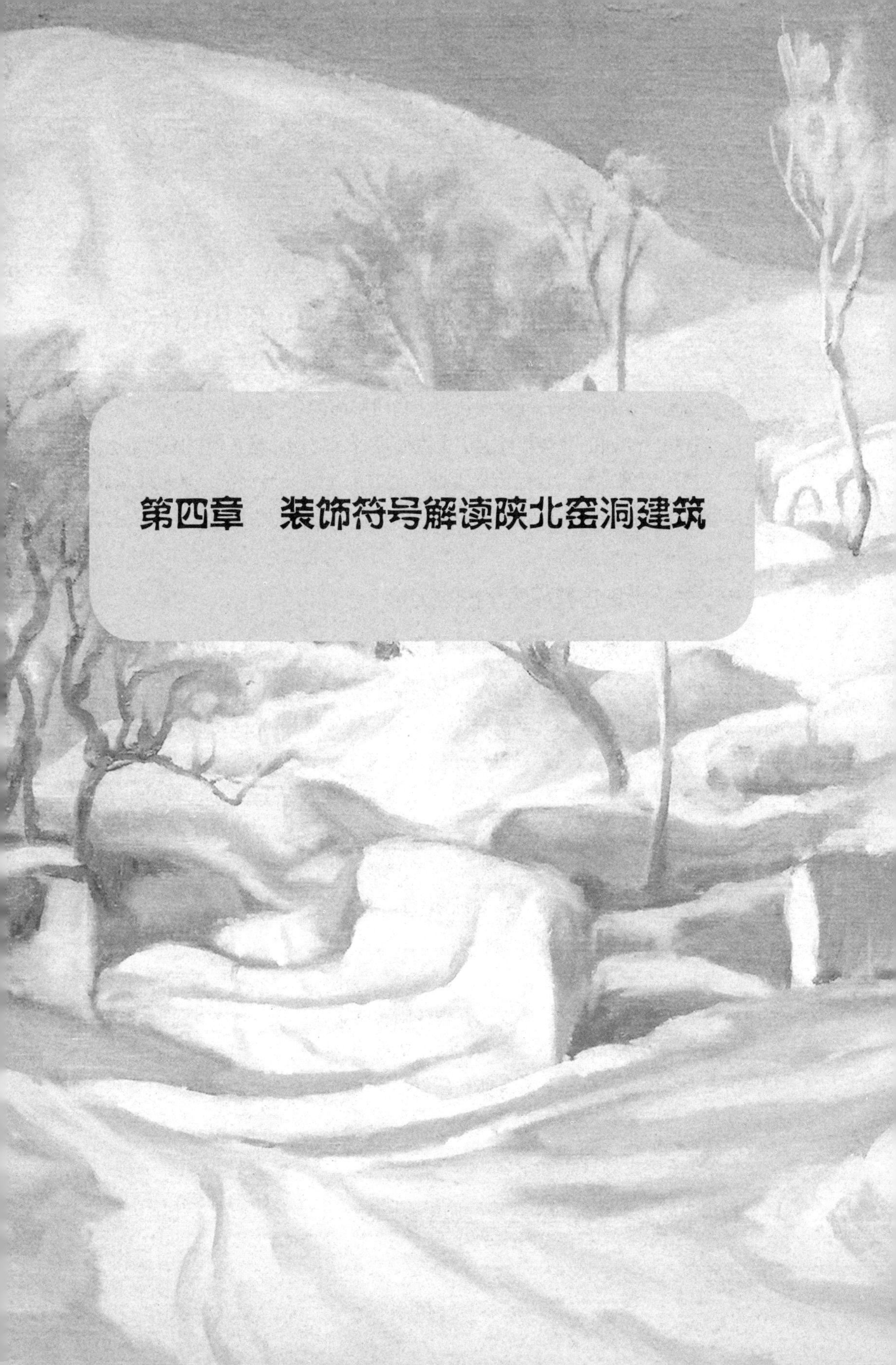

第四章　装饰符号解读陕北窑洞建筑

第一节 陕北窑洞中环境的认知、解构与保护

根据历史古城环境的特性和现状，从物质层面的建筑环境、景观环境和生态环境以及非物质层面的社会环境对历史古城进行了解构。笔者依据陕北米脂窑洞古城这一具体案例，指出目前历史古城面临着的建筑环境混杂、景观环境破坏、生态环境恶化和社会环境衰败等严峻挑战，结合米脂窑洞古城的实际状况提出了历史古城环境保护的对策。

一、关于历史古城环境保护的认知

（一）历史古城保护理念的缘起及演变

历史古城保护与复兴是文化遗产保护研究领域的重要课题，其早已得到国际社会的普遍重视。20 世纪 60 年代初，西方学界开始从不同角度对以大规模改造为主要形式的旧城改造运动进行了反思，其中最著名的有 1961 年问世的芒福德的《城市发展史》和雅各布斯的《美国大城市的生与死》。这些反思引起了人们对历史古城保护议题的关注，对处于困境中的西方历史古城保护产生了广泛的影响。

第二届历史古迹建筑师及技师国际会议通过的《威尼斯宪章》扩大了文物建筑的概念，该《宪章》特别强调了对历史古城所处环境的保护，提出了“保护一座文物建筑，意味着要适当地保护一个环境”的理念。这之后，欧洲的许多国家广泛制定了历史城镇的保护规划并有许多成功的实践。

伴随着人们的保护意识和文化需求的不断增强，历史古城保护的概念渐趋充实，历史古城保护的内容与方法亦日趋完善，历史古城环境的保护正日益得到应有的重视。

（二）历史古城环境的解构

历史古城是至今仍然为人们所使用的历史文化遗存，在现实生活中仍然具

有重要的实用功能。历史古城环境具有极强的复合性特点，既包括人工环境和自然环境，又涉及历史环境和传统的城市景观。作为一类特殊的历史文化遗存，历史古城的历史建筑等遗存本身就是其风貌环境的重要构成要素，其本体与环境是分不开的，两者相互烘托、相互作用，共同构成了一个文化遗产的有机整体。历史古城环境饱含着丰富的历史信息。这些历史信息与古城的历史遗存具有同样的价值，其既体现着历史遗存的价值、功能和作用，也体现着古城在历史长河中的演化过程。这“两个体现”使古城的文化内涵会得到更完整的展现，因此，在保护历史古城时应将历史古城的本体与环境进行统筹考虑，予以整体规划。在这方面，国内学界对历史古城环境的内涵要素及其保护进行了一些有益的探索。

历史古城的保护不仅需要保护景观环境和生态环境，更需要使古城的社会氛围充满活力。笔者将以米脂窑洞古城为案例来阐述历史古城的保护策略。

二、米脂窑洞古城的概况及现状

（一）概况

米脂窑洞古城始建于北宋，至今依旧保留着深厚的文化记忆和大量的文物遗存。米脂窑洞古城以下城十字街为中心形成了东大街、西大街、北大街三条历史街巷，至今保存完好。2008 年米脂窑洞古城被陕西省人民政府定为陕西省重点文物保护单位。20 世纪 50–70 年代米脂县城一直以老城为主体，后伴随着老城城楼塌毁，瓮城、城墙和城门也被逐渐拆除，城墙南段、西段和东段南端逐渐被新建建筑取代。20 世纪 80 年代，新建建筑和居民不断向四周蔓延，老城城郭已不太明显，郭外布满了新修建筑。20 世纪 90 年代以来，随着社会经济的发展，米脂迎来了旧城的建设开发高潮。在建设开发高潮的冲击下，米脂窑洞古城的历史风貌遭到了破坏。20 世纪 90 年代以来由建设开发导致的对米脂窑洞古城的破坏主要体现在两个方面：一是古城原有的整体风貌被打破，各自为政的开发和规划控制不力使古城内部呈现出混乱无序的状态；二是古城的传统文化、生活方式和物质实体未得到很好的保留与尊重，使历史古城失去了活力与特色。

（二）现状

1. 建筑环境混杂

历史古城是一个完整的有机体，除已经认定为文物建筑和历史建筑的建（构）筑物之外，还存在着大量的历史风貌建（构）筑物，因此，历史古城传统风貌的保护不仅要保护好需要重点保护的建筑本体，还要保护好古城完整的建筑遗产体系，控制好历史古城的整体建筑环境，以达到有效地保护古城的空间形态和风貌完整性的目的。近年来，随着米脂窑洞古城社会经济发展和居民改善生活条件的需要，古城内出现了许多新建改建建筑。据统计，对古城整体景观造成损害的新建建筑约占米脂窑洞古城传统建筑总量的11%，对古城建筑传统风貌造成损害的改建建筑高达米脂窑洞古城传统建筑总量的40%。这些建筑的分布形态有两种类型：一是沿主要街道两侧分布，二是建于重点保护建筑周围。新建建筑多数选用现代建筑材料，在体量、色彩、质感、高度、风格等方面都与历史建筑十分不协调，严重影响了古城的传统风貌。此外，古城内建筑密度较大，容易形成消防隐患，而且部分质量较差的建筑及临时搭建建筑亦严重破坏了古城的整体风貌。

2. 景观环境杂乱

米脂窑洞古城内的街巷大多平行于山势的等高线，院落分布于街巷的两侧，整个古城呈缓急不等的阶梯状分布。目前，古城内大部分的街巷仍保持着原有的空间尺度，传统空间形态保存尚较好。但是古城景观环境存在着较为严重的视觉污染。一是古城内街巷两侧的电力通信线路为架空铺设，主要街道上空电线缠绕交错，严重影响了由古民居建筑群形成的优美的天际轮廓线，同时存在着安全隐患。二是在主要街巷的两侧，部分改建后的历史建筑其外墙材料和门窗样式发生了较大变化，存在着与传统建筑风貌不协调的问题。三是古城的部分地段卫生环境较差，存在着生活垃圾、建筑垃圾胡乱堆放的现象，严重影响了古城应有的景象。四是与古城景观环境质量密切相关的饮马河及银河的环境状况较差，不仅水量变小、水质变差，且河道内有随意倾倒的垃圾，严重影响了古城应有的景象。

三、米脂窑洞古城的保护策略与途径

针对米脂窑洞古城的现状及存在的问题，笔者结合前文的分析和近年来米脂窑洞古城保护规划项目的实践，对米脂窑洞古城环境的保护提出以下策略。

（一）整治建筑环境

米脂窑洞古城内的建筑可以分为重点保护建筑、一般保护建筑、需整饬建筑、应拆除和搬迁建筑、新建建筑等类型。基于此，对米脂窑洞古城建筑环境的整治应结合建筑的分类来进行。

对于与传统风貌不协调的建筑进行整饬应采取以下主要方式：立面整饬、降低建筑高度、改变墙面材质及色彩、更换门窗形式，使之与传统古民居及古城整体风貌相协调；对严重影响文物建筑本体安全、严重影响古城重要节点景观风貌的建筑则予以拆除。

在整治过程中，应以米脂窑洞古城的传统建筑风格为依据，以重点保护古民居为参照，根据建筑功能及外观需要从建筑高度、建筑外观材料、屋面形式、建筑装饰等方面进行整饬，在装饰上不追求过于繁复，宜谦和自然。对建筑的内部设施和空间布局，可以根据具体情况加以必要的变动，如增加卫生设备、灵活划分室内空间等，以改善居民的生活条件。

（二）改善景观环境

首先，要对古城的整体空间环境进行整治。应拆除破坏历史古城空间尺度、空间景观的建（构）筑物，以保证古城景观风貌的完整及通视廊道的畅通；清理古城内随意搭建的临时性建（构）筑物及垃圾堆等环境破坏因素，并结合古城环境整治和旅游开发，完善环卫设施，为居民和游客提供清新整洁的卫生环境。此外，要改造各种凌乱的工程管线，在主要街巷将电力通信线路直埋敷设，将不同用途的管线于地下分孔敷设，并在地下预留燃气管道，以此实现古城历史风貌应有的景观效果。

其次，要对古城重要地段的景观环境进行重点整治。应对柔远门、东大街、文庙、盘龙山古建筑群等地段予以重点整治，以消除破坏古城景观环境的因素，使其与古城的整体风貌相协调；对于环境较差的古民居院落进行整治，使所有古民居的风貌协调和统一起来，进而使古民居能够承载起体现古城风貌的重任。

（三）优化生态环境

历史古城生态环境的优化应与区域生态建设相结合。米脂窑洞古城是由建筑、街巷、水系、节点及周边山体组成的复杂的综合系统，其生态环境的优化应依据其空间结构特征，对周边山体、公共空间、街巷和庭院等进行绿化，形成内外结合、层次有序的景观生态系统。由于古城内部用地紧张、建筑密度大、绿化面积较小，要求有大块的公共绿地是不现实的，因此应充分结合街、巷、庭院的格局，结合古城的历史文化底蕴，着力营造精巧的小型庭院和宅旁绿地，以此将历史古城的建筑群落、街巷肌理融合为一体。古城绿化所选的树种，不仅要考虑生长速度，而且要考虑景观效果，以营造出独具特色的古城绿化景观，体现出米脂窑洞古城的历史文化特色。

（四）复兴社会环境

首先，古城内要保留一定数量的原住民比例，要鼓励当地居民继续居住在古城内，否则，古城的保护就成了博物馆式的保护，就会失去保护的人文意义。

对此，应通过改善古城的居住环境提高人居环境质量，以增强古城社会环境的活力。对古城居民人居环境进行改善，既要尽量满足居住建筑在功能配置和现代生活上的需求，又要满足古城风貌保护的控制性指标。对于古城内房屋老化严重、质量较差的建筑应及时进行修缮，对古民居室内的设施应进行现代化的改造更新，可以根据具体情况加以必要的变动，以改善古城内居民的生活条件。同时，应结合古城内建筑和用地的调整，增加为居民服务的公共开敞空间和公共绿化用地，在街巷、宅第空间功能转换处，应拆除影响古城景观的且无保留价值的建筑，将其用来营造开敞空间和公共绿化用地，以满足居民的需求。此外，还要改善古城的市政设施。在这方面，由于古城地形地貌、街道空间与尺度和建筑布局等方面具有的特殊性，道路具有密度高、路幅窄的特点，可能满足不了市政设施建设的有关规范，对此，应按照历史城区的要求适当降低或放宽相关标准，相关部门应因地制宜地制定出可行的市政设施改造建设方案，使古城达到基本的现代化市政水平。

其次，要通过综合性的经济、制度手段，引导古城的经济发展，调整古城的产业结构。在这方面，可通过传统商业老字号的恢复激发传统商业的活力，促进传统商业的可持续发展和传统商业文化的弘扬。但是，古城的商业性开发要按照适度性原则进行，因为过度的商业性开发极易对古城的建筑遗产和生活模式造成损害。

作为历史古城的重要构成，古城环境的保护是维系其真实性与完整性的关键。然而，在快速城镇化的背景下，历史古城环境的保护面临着城镇开发、景观破坏、生态恶化、人口变迁等一系列挑战。作为历史古城的典型，米脂窑洞古城在其更新与发展的进程中也不可避免地遭遇到了建筑环境混杂、景观环境破坏、生态环境恶化和社会环境衰败等多重危机。为此本文在对历史古城环境进行认知和解构的基础上，对米脂窑洞古城环境的现状和保护策略进行了分析，期望能对当下我国历史古城保护与更新理论和方法有所助益。

第二节 陕北米脂窑洞民居环境与非物质文化遗产关系研究

米脂是陕北黄土文化的原生区和核心表现区，千百年来，这里孕育了丰富的文化遗产，赢得了“文化县”的美誉。米脂古城是米脂县最大的文化资源，作为历史文化遗产不可复制，作为米脂文化的象征更不可再生。米脂窑洞古城近千年形成的历史格局风貌犹存，深厚的文化底蕴是非物质文化遗产滋生和发展的沃土。古城拥有五十多个明清和民国时期遗留下来的比较完整的窑洞民居大院、套院等传统建筑，并且至今保存完好，百姓在此安居乐业。古城独具特色的传统民居环境给非物质文化遗产提供了赖以生存的物质空间，形成了米脂古城丰富多彩的非物质文化遗产。古城这些非物质文化遗产的存在与发展又使得这里的民居环境更具生机和活力。

米脂拥有全国独一无二的完整的窑洞古城，铭铸了中华“民居文化”的独特奇迹，在中国建筑史上有着重要的价值和地位。目前，对米脂古城的研究中，针对传统窑洞建筑的研究比较多，而对凝聚其中的非物质文化遗产与传统民居环境关系的研究还很稀缺，笔者从专业角度出发，对二者及其关系进行分析，力图为它们的保护与发展提供有价值的参考。

一、米脂窑洞古城概况

米脂县位于陕西省榆林市，地处陕北黄土高原腹部，北宋初即设县，至今已有近千年置县史。历史悠久的米脂县素有“陕北文乡”的美誉。米脂古城位于米脂县城的老城区，当地人称它为“老城”“旧城”。老城区内至今拥有元代的窑洞遗址和五十多个明清时期遗留下来的比较完整的窑洞院落。古城历史格局风貌犹存，街区古朴雄厚，百姓安居乐业。步入米脂古城，犹如走进了窑洞民居博物馆。

（一）自然环境

1. 地理位置

米脂县位于陕西省榆林市东部，北承榆阳区，南接绥德，东靠佳县，西邻横山、子洲。其地理坐标东经 109° 49′ ~ 110° 29′，北纬 37° 39′ ~ 38° 5′，总面积 1212 平方公里，总人口 23.2 万。米脂古城位于米脂县的中部，处于南北通衢要道和无定河、银河、饮马河交汇区，临川枕阜，依山傍水，距离西安市 580 公里，距离榆林市 76 公里。

2. 地形地貌

米脂县的地貌主要以峁、梁、沟、川为主，属于典型的黄土高原丘陵沟壑区，最高海拔 1252 米，最低海拔 843.2 米，平均海拔 1048 米，县城海拔 872 米。其因长期的黄土覆盖和流水冲刷，形成了沟壑纵横、梁峁起伏的地貌景观。县域西部土壤风蚀沙化明显；东南部坡陡沟深，侵蚀严重；中部为无定河川道地带，地势平坦，水土流失轻微。米脂古城位于冲沟沟口的平坦区域，地势东高西低、呈阶梯状。

3. 气候条件

米脂县属于中温带半干旱大陆性季风气候，气候干燥，年平均气温 8.5 ℃，全年雨量不足，年平均降雨量 451.6 毫米，最大年降雨量 704.8 毫米，最小年降雨量 186.1 毫米，降雨主要集中在夏季。该地区日照充沛，昼夜温差大，适宜农作物生长，是黄土高原和我国大陆小杂粮主产区之一。

4. 物产资源

米脂县是一个农业县，耕地面积 3.8 万公顷。米脂以生产小米、扁豆、红豆、豌豆、绿豆等各种小杂粮闻名，米脂的小米更是久负盛名。米脂谷粟从汉代起已经有栽培历史，经过历代培育，品种繁多，米质优良，营养丰富。俗话说的“米脂的婆姨绥德的汉”，指的就是米脂女子皮肤白皙、娇嫩、白里透红，是因为长期食用小米的原因。米脂有煤炭、天然气、陶瓷土、岩盐等丰富的资源，现探明全县地表下蕴藏着储量为 1600 ~ 1800 亿吨的岩盐，岩盐纯度在全国排第一，是食用盐和工业用盐的极佳原料。

（二）历史变迁

米脂古城作为县治所在地，已经有近千年的发展历史。经过历朝历代的多次

修建加固，米脂古城南北长 2.5 公里，东西最宽 1 公里，面积 2 平方公里，其背依盘龙山和文屏山，西临无定河和川区，银河、饮马河绕城而过，整体呈不规则扇形。米脂因城内城隅严整，城楼巍峨，东大街、北大街、西大街古风古韵，石板铺街，店铺林立，成为陕北名城。如今的米脂古城只有柔远门旧貌依然，其他城门及城墙已不复存在，但古城仍然保存了比较完好的整体格局。

（三）人文背景

米脂古城既没有区位优势，也缺乏经济优势，但在全国却具有很高的知名度，主要是因为米脂古城地灵人杰、人才辈出，拥有极其深厚的文化底蕴和丰富的文化遗产。

1. 深厚的历史文化积淀

米脂历史文化积淀深厚，新石器时期，境内就出现了仰韶文化和龙山文化。古城作为县治所在地，至今保留了大量的文物遗存和深厚的文化记忆。

2. 中原边塞文化的相互融合

米脂历史上长期地处汉族政权与少数民族势力的拉锯地带，征战不断。艰苦动荡的生存环境造就了米脂百姓坚强豁达的性格，战争从另一方面促进了各民族之间的相互融合和文化的交流与借鉴。中原、边塞文化相互渗透，形成了米脂独特的多元文化。

3. 兴盛的传统文化教育

米脂县的历代管理者都很重视文化教育。据记载，元代县内就有过张正臣、张道儒等举人，王宗尧、王猷等贡生。明清、民国时期是米脂文化兴盛时期。明成化年之后，随着时局的相对稳定，外界的文化信息不断地传入，文化人才不断增多，儒学教育逐渐加强，文化氛围愈来愈浓厚。明清两代先后出了 9 位官臣、24 位进士、105 位举人、517 位贡生。民国和解放时期，各种文化人才辈出，文化教育事业蒸蒸日上，涌现出了诸多文化教育名人。

4. 源远流长的民俗文化

米脂秧歌、唢呐、剪纸、铁水打花、九曲、面花等民俗文化带有浓厚的黄土气息，淳厚、朴素，多姿多彩，独具特色。民间文化的传承与繁荣，使米脂赢得了“文化县”的美誉。由众多窑洞式建筑汇集而成的米脂古城是全国唯一的窑洞古城，堪称窑洞民居的博物馆。米脂秧歌传承千年，闻名全国；米脂唢呐，独树一帜，是全国首批非物质文化遗产；米脂民歌甘醇朴实，粗犷豪放；米脂剪纸惟妙惟肖；米脂干炉至今仍是人们走亲携带的礼品。米脂诸多传统节庆的民俗活动、建筑艺术等都极具陕北文化的典型性和代表性。

笔者介绍了米脂古城的自然条件，历史变迁、人文背景。独特的黄土高原自然环境、近千年的置县史、深厚的历史文化底蕴，奠定了米脂古城民居环境的空间形态与氛围，铸就了米脂丰富的文化遗产。

二、米脂窑洞古城非物质文化遗产依存的民居环境

从古至今，中国人一直在追求一种理想的居住环境。民居作为人类居住、活动的场所，蕴含着先人的智慧和创造精神，其形成、分布和发展与当地的自然环境密不可分，也深受中国古代“天人合一”思想的影响，体现了人与自然环境的和谐统一。我国历史悠久，疆域辽阔，自然环境、地域文化千差万别，在漫长的发展过程中，形成了各地不同的民居环境，创造了丰富多彩的非物质文化遗产。米脂古城的民居环境延续了历史上的特征，街巷布局、民居窑洞、历史建筑等以物质文化的形式呈现在我们面前，书写了米脂人民勤劳、勇敢、聪慧的过往，使米脂这块贫瘠的土地奇迹般地有了活力。

（一）古城总体格局形态

米脂古城在选址上符合中国传统聚落选址的风水学说，遵循人与自然和谐相处的理念，构成“三山围三水、四街串古韵”的整体格局形态。(三山：盘龙山、翔凤山和文屏山；三水：无定河、银河和饮马河；四街：东大街、北大街、西大街和南门街；古韵：古城内的文物建筑)。

（二）非物质文化遗产依存的物质空间特征

针对非物质文化遗产的物质空间来讲，物质空间主要是指承载非物质文化遗产及其传承人生长发展区域的自然资源、建筑、公共活动空间、道路交通等硬件环境。其主要包括两个方面：建筑本身和建筑的空间环境。建筑本身主要是指建筑的平面布局、空间格局、立面造型、细部构造、建筑艺术装饰，以及它们与非物质文化遗产生存的适应性等等；建筑的空间环境包括广场、院落、街道、轮廓以及这些空间环境所创造出来的精神场所和传统文化氛围。米脂古城民居环境中的传统街巷、窑洞民居建筑以及历史公共建筑等是容纳非物质文化遗产的物质空间，这些物质空间承载了非物质文化遗产发展的物质需求，为非物质文化遗产的生存与发展提供了物质基础。

米脂窑洞扎根在陕北黄土高原上，不仅是一种适应黄土高原的居住建筑，还散发着窑洞建筑文化和民风民俗传统文化内涵。米脂众多的非物质文化遗产正是透过窑洞建筑艺术展现给世人，它反映了陕北历史发展过程中累积起来的一种地域文化，无论其种类、造型、拥有量，还是布局、工艺和装饰，都在全国独占鳌头。米脂古城亦因窑洞闻名全国。米脂窑洞的建筑装饰艺术体现了古城窑洞匠人的精湛技艺和窑洞建筑的精深文化，是古城人民自豪的非物质文化遗产。

涉及非物质文化遗产：正月十五元宵节期间，米脂县政府会在行宫内的广场举行铁水打花表演，金色的火花在夜空中绽放，场面极为壮观。行宫内的“东汉画像石精品展”，让游客在参观古建筑群时，欣赏米脂著名的石雕艺术。

米脂古城总体形态格局体现了中国传统文化“天人合一”的思想。街巷空间、窑洞民居、历史公共建筑等民居环境要素延续着古城历史文化和建筑风貌，特别是古城明清和民国时期的窑洞民居建筑保存比较完整，在院落布局、建筑构造、装饰艺术等方面均具有陕北窑洞建筑典型性和代表性。民居环境的这些要素是容纳和承载非物质文化遗产的物质空间，与非物质文化遗产的产生、发展和传承密不可分。

三、米脂古城民居环境孕育的非物质文化遗产

悠久的历史、深厚的教育文化、精湛的建筑文化、淳朴的民俗文化，使得米脂古城成为黄土高原上民居聚落的典型代表，同时滋养和催生了具有鲜明地域特色的非物质文化遗产。目前米脂县拥有国家级非物质文化遗产 1 项，省级非物质文化遗产 4 项，市级非物质文化遗产 8 项，县级非物质文化遗产 23 项。丰富的非物质文化遗产见证了米脂古城历史文化的发展。

（一）古城非物质文化遗产及其物质空间

米脂古城非物质文化遗产的形成同当地百姓的日常生活息息相关，它的产生与发展需要一定的物质空间作为载体并经过祖祖辈辈的历代相传。非物质文化遗产中的资源种类繁多，所需空间环境不同。例如口头传统，以语言为载体的非物质文化遗产需要一个安静有氛围的空间；传统表演艺术的非物质文化遗产需要开辟一定的活动空间，比如一个场地或者一个舞台；节庆、庙会等风俗活动需要一条街道或者庙宇等传统建筑；传统手工艺技能需要有特定的制作空间等等。这些非物质文化遗产产生、发展的场所就是人们多年来认可的、约定俗成的活动空

间。以下以窑洞建筑艺术、剪纸等为例，具体分析米脂古城非物质文化遗产及其物质空间。

1. 米脂窑洞建筑艺术

(1) 历史渊源

早在原始社会，米脂境内已有人类繁衍生息，深厚的黄土层，独特的气候以及地域特征，使米脂人民在长期生存和生活中，积淀而形成了与自然环境相适应的建筑文化。窑洞建筑源于米脂人适应地域气候、自然条件、土质结构、民居习俗等具体情况，经过千百年来的不断摸索实践而形成的。米脂窑洞冬暖夏凉的实用性、天圆地方接地气纳日月的人文理念、各类工匠完美组合的建造艺术，使得窑洞民居这一生土建筑绚丽多彩，成为中华民族传统文化中的瑰宝。

(2) 物质空间

古城的窑洞式四合院和三合院民居，是千百年来米脂人一直传承沿用的居住形式。窑洞民居独门独院，建筑装饰艺术都发生在这些窑洞院落的建筑空间里。

(3) 制作工艺

窑洞建筑在艺术建造上十分讲究配件的图案、尺寸比例以及雕刻技艺。窑洞内的盘炕工艺、炕围子的绘制油漆、石锅台石炕楞的建造，同样讲究搭配适宜、协调适用。院墙、门楼、照壁、窗棂等设施，更是融入砖、石、木三雕的艺术。在建造过程中按照工序，需求阴阳先生、石匠、砖瓦匠、木匠、粉刷师、油漆彩绘工、美术雕刻师、盘炕能手、剪纸巧媳妇等诸多的能工巧匠，他们分别用拿手的技艺按照一定的工艺流程施展才华，其中的许多绝技令常人难以揣摩，而众多的各类工匠还要和谐完美地组合，展现和融合他们高超的技艺。窑洞建筑中，数学原理的推算、周易五行的运用、安全措施的设置等等，无不彰显着科学性与合理性。

(4) 传承现状

随着时代的发展，现代建筑逐渐取代了窑洞建筑，窑洞建筑艺术随着能工巧匠的老、逝逐渐灭绝。普查评定窑洞建筑涉及的各类能工巧匠是当前急需做的工作。目前米脂窑洞建筑艺术传承人为李长江，男，1945 年出生，身兼石匠、木匠、油漆彩绘师、泥瓦工、盘炕能手等数职。

(5) 非物质文化遗产的利用

米脂窑洞的建筑艺术，直接反映了米脂人民在人居方面的文化素养和聪明才

智，步入窑洞古城，犹如走进了窑洞民居的博物馆，使人可以尽情地领略古城窑洞艺术的魅力，了解窑洞的历史价值和文化价值。

2. 米脂剪纸

(1) 历史渊源

米脂剪纸源远流长。据考证，米脂、绥德出土的东汉画像石中人物、鸟兽、边纹都带有剪纸的印记，因此剪纸技艺比纸张出现得早。米脂剪纸始于汉代，繁盛于清代中期，是极富地方特色的民间工艺美术。不论城乡，到处都可看见它优美简朴、妙趣横生的造型。

(2) 制作材料

剪刀，纸张。

(3) 物质空间

剪纸是米脂女子在窑洞里盘腿屈膝坐在土炕上，用剪刀在纸上剪出千变万化的图案，寄托她们的情感。窗户是她们与外界联系的桥梁，最能表达她们内心世界的是把剪纸贴在窗格上。所以，喜庆吉日，都有剪纸的出现，特别是过年，窗格子里的窗花不仅是一种点缀，更蕴含着各种祈福和祝愿。米脂剪纸最常见的是贴在窗格上的窗花，此外，还有贴在天窗上的团花、角花，贴在窑洞内墙上的墙花、土炕周围的炕围花，贴在灯笼上的灯笼花，婚嫁时用的喜花、礼花等。在窑洞民居院落里，米脂婆姨们从剪纸中找到了人生的归属感、成就感，直至有人代代相传。

(4) 制作过程

年轻女子学习剪纸技巧，先要找来“替样”，把“替样”用水沾湿，贴在准备好的一沓折叠好的红纸上，然后在煤油灯上用烟熏过，等熏干后，去掉“替样”，“替样”的影子被烟熏在折好的红纸上，于是，用剪刀开始按照章法，纸随剪转，剪随纸走，此处无声胜有声。

米脂剪纸内容丰富，题材大多源于生活中的人物、植物、动物、民间传说、风俗习惯等。“喜鹊登梅”“金鸡报晓”“鱼跃龙门”等众多剪纸作品表达了百姓对生活的无限憧憬。

(5) 传承现状

剪纸是最具生活化的。在米脂，家家都有剪纸，众多的剪纸擅长者被称为“巧女子”“巧媳妇”，剪纸在老百姓的民俗生活里默默地承传着。目前米脂剪纸代表性传承人为周萍英的儿子杜米军。

(6) 非物质文化遗产的利用

米脂剪纸技巧已经成为一种文化，这种强烈的色彩以及文化元素，成为米脂窑洞建筑环境的魅力所在。将米脂剪纸作为一种特色文化旅游纪念品，既能增加当地百姓的收入，又能推动剪纸文化的传扬和发展。

通过以上对古城非物质文化遗产的具体分析，可以看出这些非遗的产生与发展同米脂的自然环境、生活习俗等关系密切，并且依附于民居环境中的物质空间而存在。

（二）古城非物质文化遗产的基本特征

1. 传承性

非物质文化遗产的传承主要依靠世代相传，而且往往是口传心授、言传身教，使其成为历史的活的见证。如果传承活动一旦停止，就意味着这项非物质文化遗产的消亡。这种保存和延续非物质文化遗产的传承方式，带有鲜明的家庭烙印。“铁水打花”是米脂一种独特的民间焰火艺术，这种技艺只在师徒或父子之间相传，传承人艾绳军就是继承了其父艾丕柱的手艺。

2. 历史性

非物质文化遗产是劳动人民在长期社会实践中累积形成的，包含着丰富的历史文化信息，反映了当时社会的发展和人们的生活习惯与审美价值，是具有历史积淀性质的文化产物。米脂大秧歌不仅是一种民间舞蹈艺术，同时也是陕北人民劳动、生产、生活方式的历史性记载和记忆。

3. 独特性

非物质文化遗产是不同民族和地域内人民的创造力，这种创造力蕴含的思想、情感、价值观等都有其独特性。米脂剪纸是极富陕北地方特色的民间工艺美术，用于节日的庆贺和日常装饰。剪纸同时又是一种象征符号，是我国人民特有的祈福和祝福方式，有独特的审美价值。

4. 地域性

非物质文化遗产是在特定的地域环境产生的，充满了该地域浓郁的地方特色。由于米脂的地质特征、自然气候等原因，小米成为米脂人赖以生存的主粮。米脂小米包含着精细的耕作技术和浓厚的民俗文化，体现出独特的饮食文化。硬米适宜熬米汤、蒸干饭；软米通常用来炸油糕、蒸枣糕。这些饮食中有许多和民间节日有寓意地联系在一起，形成了小米民俗文化。

5. 活态性

非物质文化遗产的各种表现形式，如口头传统、表演艺术、传统手工艺、各种知识和实践等都具有鲜活的生命力，无时无刻不在流动和变化，是动态的而非静态的。米脂民歌、唢呐都是通过演唱者和演奏者的表演展现出来的。非物质文化遗产具有很强的活态性。

（三）古城非物质文化遗产的价值

历史价值、文化价值和精神价值是非物质文化遗产价值体系的核心，缺失这些价值，非遗就失去了存在的意义；科学价值是非遗价值体系的价值规范，它强调了非遗应该是科学的而非迷信愚昧的，并且某些非遗本身就含有相当高的科学内容；审美价值是价值取向，它强调非遗应是美好的并且能给人带来美感的；和谐价值是价值目标，它强调非遗通过促进群体价值认同而使民族团结、社会和谐与人民安居乐业；教育价值是传承非遗的重要手段，通过讲授学习使之得以宣扬并传承下去；经济价值则在充分利用非遗中的潜在经济因素的同时，增强了非遗及其传承人自我延续、自我生存的能力，从而使非物质文化遗产能够更好地可持续传承下去。

米脂古城非物质文化遗产是米脂劳动人民在与大自然斗争中，不断总结经验，因地制宜，融合多元文化，发挥聪明才智保存和流传下来的。它们以陕北民间文化浓郁的乡土气息，鲜活地反映着古城历史文化的变迁，展示了米脂民众的艺术创造力和自强乐观、勇于进取的精神风貌，彰显着这一地区独特的民间科学智慧和审美情趣。古城窑洞院落的布局和建筑艺术特色、家族宗法秩序、岁时节日习俗、婚丧嫁娶礼仪、宗教信仰、传统制作技艺、饮食习俗等，虽然随着社会的变化有所弱化，但仍然是人们推崇和遵守的准则。因为人们在稳定成熟的社会文化环境中生活和成长，亲身感受着文化的熏陶，这种影响不仅表现出对传统的继承和发扬，在内心深处和思想上也受其约束和教化，其价值和意义是不言而喻的。

古城非物质文化遗产是古城以独特的方式创造并与其生活、生产方式相适应的文化遗产，是古城历史文化、科学文化、审美文化、民俗文化的集中呈现。保护和传承非物质文化遗产，发挥非物质文化遗产的重要价值，有利于提升古城文化软实力，增强民众维护文化多元性的自觉意识，促进当今和谐社会的构建和发展。

米脂古城非物质文化遗产丰富多彩，这些非物质文化遗产的产生与发展同米脂的自然环境、地域文化、建筑特征、生活习俗等密切相关，并且依附于民居环境提供的物质空间而存在，它们与民居环境共同构成了古城别具一格的文化遗产。

四、米脂古城民居环境与非物质文化遗产的相互关系

米脂古城非物质文化遗产与其赖以生存的民居环境有着密不可分的关系。传统街巷、窑洞民居、历史公共建筑等民居环境要素以一种物质文化的形式反映着古城特有的人文历史情况，它们是承载非物质文化遗产的重要物质空间，离开了这些物质空间，非物质文化遗产就会失去原真性，甚至消亡。笔者以物质文化遗产与非物质文化遗产的关系为切入点，具体深入到民居环境同非物质文化遗产关系的研究中。物质文化遗产与非物质文化遗产是相互依存、相互作用的，同样，传统民居环境与非物质文化遗产之间也是一种相互依托、相互支撑的关系。非物质文化遗产的产生与发展离不开它所依存的传统民居环境，传统民居环境亦因存在于其中的非物质文化遗产而有生机与活力，二者相互影响，共同发展。

（一）物质文化遗产与非物质文化遗产的区别与联系

文化遗产是指人类过去的生活中产生、使用，经过历史留存到现在并且应该被传诸未来的一种共同财产。文化遗产兼具“物质性”和“非物质性”两种因素，分析它们的区别与联系，便于我们更深刻地理解和认清传统民居环境与非物质文化遗产的关系，进而采取科学合理的措施加以保护。

1.区别

物质文化遗产侧重表达的是历史的遗存景观，强调了遗产的物质存在形态、不可再生性和不可传承性，保护也要着眼于对其损坏的修复和现状的维护；而非物质文化遗产是活态的遗产，注重的是知识、技能和技术等非物质因素的传承性，蕴含着民间文化特有的文化意识、精神价值、思维方式和想象力，强调的是知识技能及精神的价值和意义。它们的根本区别在于，一个是以物质形态表现人类创造的固态文明，一个是以精神形态表现人类创造的活态文明。

2. 联系

物质文化遗产与非物质文化遗产的区别是相对的，它们不是孤立的，而是相

互依存、相互作用。只有当物质文化遗产中蕴含的非物质的文化要素被理解和尊重的时候，它“全部的真实性”才可能得以保存；相应地，非物质文化遗产也必须通过物质的手段才能得以展现并持续地传承下去。离开“物质”理解“非物质”，离开“非物质”理解“物质”，都失之偏颇。如剪纸艺人的创作、技巧、传承是无形的非物质文化，其促生的剪纸作品则属于物质文化；古琴乐器本身是物质文化，但古琴的制作工艺、弹奏技巧、演奏形式等形成了非物质文化遗产。物质文化遗产与非物质文化遗产共同承载着人类社会的文明，也就是人们常说的物质文化与精神文化相互依存的关系。

（二）古城民居环境对非物质文化遗产的承载

非物质文化遗产从本质上来说其实就是一个地方的历史传承、文化体现、生活方式、地域习俗等的集合反应，它真实地存在于我们的生活中，存在于人与人的交往中，存在于现实的生活环境中。米脂古城的民居环境对非物质文化遗产起着重要的承载作用。

1. 传统街巷对非物质文化遗产的承载

街巷是外向型、公共性的空间形态，其功能包括交通、交往、日常生活活动等。米脂古城的街巷是当地百姓交通和邻里生活的场所，也是古城历史文化的承载体。古城街区肌理依旧，沿街的传统建筑和众多工艺精湛、结构相似的窑洞院落大门古朴雄浑，沧桑如故。雕刻精美的门额题字，文笔高雅、寓意深远，寄托着主人的理想和精神，成为人们认识古城、寻访历史的靓丽风采。街巷空间富有浓郁的陕北特色，走在街道上，给人一种古朴而又充满诗情画意的感受。东大街上包含三处重要的历史遗存，即大成殿、“斌丞图书馆”旧址和米脂县女子高级小学校旧址，这三处遗存是米脂古城历史上文化教育的重要场所。米脂窑洞古城一条街（东大街、北大街）当选第四届全国十大历史文化名街。

非物质文化遗产如果脱离了产生的街巷空间环境，它的文化遗产价值就不完整。街巷是传统聚落中民众最广泛的交流场所，米脂民歌、秧歌、民间文学等非物质文化遗产的产生和发展与传统街巷的传承空间息息相关。干炉、驴板肠、碗托等各种风味小吃遍布大街小巷。古城的街巷在今天继续延续着传统历史文化风貌，为非物质文化遗产营造了展示空间环境。

2. 窑洞民居建筑环境对非物质文化遗产的承载

米脂古城主要是由不同形式的窑洞院落组成，这是千百年来陕北人一直传承沿用的居住形式。窑洞民居建筑空间除了满足人们的饮食、起居等日常生活需求外，其中还发生着各种民俗活动和传统的手工制作活动等，各个空间在实用功能之上被赋予了文化场所和文化空间的特点。窑洞居民在节庆、婚丧嫁娶等日子里，在自家窑洞院内宴请宾客，请民间艺人进行表演，而且民歌、唢呐、地方小戏等不受人数和场地的限制，院落此时成为举办民俗仪式活动的重要场所。窑洞建筑空间还是进行剪纸、面花、干炉、碗托等民间工艺品和风味小吃制作的地方，门窗、土炕、窑里内墙上都是剪纸作品展示的空间，可以说这些制作流程和窑洞建筑空间密不可分。

非物质文化遗产中的民间美术、民间习俗、传统戏剧、民间文学等表现形式在传统建筑细部装饰中得到充分体现。古城窑洞建筑结构承载了窑洞建造知识和装饰艺术等方面的非物质文化遗产内容，院门、转扇、影壁、窗格、门枕石、脊饰、瓦当、滴水、墀头等等众多的建筑细部构造集建筑功能与装饰功能为一体，图案内容多取材于民间文学、传说故事，立意表达吉祥如意、生活情趣等美好意愿。做工精雕细琢、技艺独特精湛，极大地丰富了窑洞建筑的整体造型，给朴实的窑洞民居增添了文化和艺术内涵。

窑洞民居建筑承载了传统文化及传统生产与生活方式，在窑洞建筑中保留的非物质文化遗产，是古民居建筑群历史文化价值的有机组成部分，生动地反映出米脂人民在中国历史变迁的背景下对中国传统文化的传承和创新。窑洞建筑空间在设计、布局、造型、工艺、装饰上，均具有极高的建筑、文化与艺术价值，是非物质文化遗产生存的重要场所。

3. 历史公共建筑环境对非物质文化遗产的承载

米脂古城历史公共建筑是米脂民众进行宗教信仰、民俗民风展现的场所，其建筑造型、装饰细节和空间构成体现着米脂历史公共建筑的文化艺术特点，同时它们也是承载传统庙会、传统民俗、民间文化表演等非物质文化遗产的活动空间。

米脂翔凤山娘娘庙每年的阴历三月十七日至十九日举办庙会活动，前来进香保平安的男女进殿祈福。庙会聚集了民歌、地方戏曲、唢呐、泥塑、面点等各种民间文化表演活动，文化气氛十分浓厚。锣鼓、社火、秧歌等非物质文化遗产通常出现在特定的公共建筑场所。脱离了物质空间，非物质文化遗产也不可能实质性地表现出来。米脂古城传统的建筑空间环境不仅给非物质文化遗产提供了物质场合，也展示了当地的历史和文化。

（三）非物质文化遗产对古城民居环境的影响

非物质文化遗产的产生和发展离不开它所依存的传统民居环境，作为一种介质，它能吸引更多的人去了解产生此非遗的地区。非物质文化遗产对米脂古城的空间格局、建筑空间环境、街巷和院落等物质场所有一定的要求，进而带来了一定的影响，使得古城独特的历史文化形象更加鲜明。

1. 非物质文化遗产对古城民居环境的需求

不同的非物质文化遗产对民居环境有不同的需求。传统的手工技艺制作有特定的工艺流程，在不同的制作环节需要不同的建筑空间环境和场所。比如，米脂老陈醋制作技艺，其制作程序包括粉碎、蒸煮、发酵、熏醅、淋醋、伏晒、抽冰、陈酿等，不同的步骤需要有对应的空间环境来完成。粉碎需要在院子中用石碾子将原料碾碎，蒸煮需要传统的灶台，伏晒和抽冰有不同的温度要求，发酵、陈酿需要一定的建筑空间存放。非物质文化遗产中的民俗和民间舞蹈对活动空间有一定的需求。如米脂大秧歌是陕北颇具代表性的民间广场、街院文化艺术形式。米脂大秧歌有“大场秧歌”和“小场秧歌”两种表演形式，对场地表演空间的要求不同。“大场秧歌”人数多，规模大；“小场秧歌”参加人数为偶数，男持彩绸，女舞彩扇，有二人场子、四人场子等。不同的表演，需要提供不同的文化活动空间。

2. 非物质文化遗产对古城民居环境的映射

米脂古城中千百年来流传的民间谚语、米脂老谜谜、貂蝉的传说、李自成的传说故事等民间文学，因其丰富的寓意和深刻的内涵成为古城非物质文化遗产。一些民间文学内容映射着米脂当时的某些社会特征，反映了米脂在某个历史阶段发生的历史事件，从而更加丰富了古城的文化渊源。比如，米脂老谜谜（灯谜）是从明清开始出现的一项民俗活动，内容涉及米脂的山川村落、现实生活、文物古迹等。

3. 非物质文化遗产对古城民居环境的制约

传统文化中关于选址、布局方面的传统观念，对民居环境有着制约性的影响。米脂古城选址讲究负阴抱阳，盘龙山、文屏山守风挡气，无定河、饮马河、银河形成“观水“之势，窑洞民居依山而建、坐北向南，遵循中国传统聚落选址的风水要求。受中国封建社会等级观、主次观、尊卑观等思想的影响，传统文化中的礼俗也制约着传统建筑的功能布局。尊师重祖、长幼有序、尊卑有别的礼仪对窑洞院落建筑空间的布局有很多要求，比如，长辈居于正窑，晚辈居于厢窑，这种建筑布局既满足了传统礼俗的需要，也满足了人们的心理需求和生存条件。

（四）古城民居环境的改变会导致非物质文化遗产的消亡

不同的非物质文化遗产需要有相应的物质空间环境来承载。比如，米脂民间谚语、灯谜以及口头相传的其他非物质文化遗产是在人们相互交往的空间中进行传承的；铁水打花、大秧歌、转九曲等民俗活动需要在特定的场所举行；老陈醋制作、干炉烤制、剪纸、面花等传统技艺，需要制作、存放和展示的空间；宗教祭祀活动需要在寺庙或祠堂里举办，等等。如果传统的布局环境被乱拆乱建、人为破坏、随意改变，就会造成原有空间环境发生变化，甚至消失，则必然给蕴含其中的非物质文化遗产造成严重的影响，甚至消亡。

（五）古城民居环境与非物质文化遗产的共生性

“共生”一词最早起源于生物界，是指两个或两个以上的种属生活在一起的状态，强调一种异质共存、相互影响、相互促进的关系。共生性文化是一种以承认对方的独立性和固有价值为基础，通过合理的竞争与合作，形成了相互依存、共同发展、互惠互利关系的文化。共生性特征表现在：首先它们之间的关系是平等的、公正的，没有主次之分，并且相互融合；其次，它们之间是相互促进、相互补充与适应，是一荣俱荣、一损俱损、共同发展的关系；最后，它们之间求同存异，彼此可以和谐地达到双赢的目的。世界上的任何物质都是在共生中生存，与事物和谐繁衍发展。传统民居环境与非物质文化遗产正是在相互补充与制约的过程中完成了共生性过程，从而体现了二者和谐共生的哲学思想。

（六）二者相辅相成，共同发展

民居环境与非物质文化遗产构成了米脂古城的文化遗产。依托于传统街巷、窑洞民居、历史公共建筑等物质文化遗产而形成的人们的各种生产生活方式、风俗习惯、宗教信仰、饮食习惯等，蕴含着珍贵的非物质文化遗产。民居环境一方面为这些非物质文化遗产提供了良好的生存、发展和传播空间，另一方面民居环境的发展变化也昭示着非物质文化遗产的演变。二者之间是一种相互依托、相互制约、相辅相成，共同发展的关系。协调好它们的关系，有利于民居环境与非物质文化遗产之间的和谐共生，有利于古城的保护和发展，同时也是古城发展过程中保持文化传承的重要前提。

民居环境和发生在其中的非物质文化遗产共同构成了当地居民日常生活的情境。具有鲜明地域文化特征的民居环境孕育着同样具有当地地域文化特色的非物质文化遗产，并且是其生存、传播的物质空间。民居环境又因存在于其中的非物质文化遗产而得以体现出其价值并良好地延续和保存。它们之间相互促进，相互制约，形成了一个地方的特色文化。

（七）二者的关系对保护和传承意义重大

将民居环境与非物质文化遗产作为一个整体予以保护和研究，不但可以为非物质文化遗产的保护与传承提供原真性和整体性的物质生存环境，而且也使古城民居环境的保护与利用拥有了民间文化与生活的内涵。其一，有别于单纯性的民居环境的保护方式，在确定保护对象、保护目的、保护原则、保护方法时，都应遵循二者之间相互关系和作用，以确保蕴含其中的非物质文化遗产得到保护；其二，维护好古城民居环境提供的各种物质空间环境，使古城呈现出绵延不断的活着的民族文化与民族精神；其三，根据非物质文化遗产的特点，结合传统建筑使用状况，灵活选择非物质文化遗产保护方式。

物质文化遗产与非物质文化遗产相互依存、相互作用，同样，传统民居环境与非物质文化遗产之间也是相互依托、相互支撑的关系。非物质文化遗产需要民居环境为其提供生存、发展和传承的物质空间，离开了这些特有的物质空间，非物质文化遗产就会失去了原真性，甚至消亡；民居环境亦因存在于其中的非物质文化遗产而有生机与活力。二者相互影响，共同发展。明确二者之间的关系，对古城民居环境的保护和非物质文化遗产的传承发展意义重大。

第五章　陕北民间匠作彩画述评

第一节　陕北民间匠作彩画的基本状况

一、陕北民间匠作彩画的提出

西部大开发战略使陕北获取难得的发展机遇，但也使其遭到人居环境严重破坏和生态环境恶化等巨大的挑战。当今，陕北作为新兴的能源工业基地，开发规模日益巨大，建设步伐日益加快，因此与陕北传统生活环境紧密相关的民间匠作彩画面临着被摧毁的命运。另外，民间彩画的灵活性也是一把双刃剑，使彩画的研究产生了不容置疑的紧迫性。首先，作为陕西省的人文资源和艺术资源，陕北寺院群和窑居庄园都面临着工业化和城市化的冲击。再者，与先前的稳定发展不同，当今的民间彩画从形式到工艺均受到了严重的冲击。

陕北民间匠作彩画是陕北农村城市化进程中亟待保护的非物质文化遗产。本课题以陕北民间匠作彩画为研究对象，从理论研究和制定保护策略的目的出发，选取了陕北这个最具地方特色的典型区域，并以明清为重点，从地域性和历史性两方面对陕北民间匠作彩画进行了系统性的整理和分析，并提出相应的保护策略。

二、匠作彩画的基本状况

（一）陕北民间匠作彩画概述

“匠作”是我国对建筑和土木等行业中的木工、瓦工、石工等施工行业的统一性称呼。“匠作彩画”是指彩画匠师们以建筑和土木各种工程为依托，以公共建筑、民居及宗教神器及家具为载体，借助土、石、木、布、纸、陶等介质，运用桐油、石色等媒质，运用各类颜料和油漆、各种器皿和手工技艺完成的彩色绘画。

（二）陕北民间匠作彩画濒危现状

在中国农村社会现代化转型快速发展的今天，陕北民间匠作彩画面临着巨大

的生存危机，主要表现在以下几个方面：

1. 陕北民间匠作彩画在“文革”中遭到严重破坏

陕北各地原保有匠作彩画、保存地道的具有传统风格的大量公用建筑和民居，在“四清”“文革”中已遭严重破坏，改革开放以来又在城市改造和民居搬迁中遭到遗弃或拆毁。人民群众生活的大环境以及匠师们据以借鉴学习的艺术大环境都在发生着改变。

2. 陕北居民审美观念改变

炕围画、灶台画及箱柜画等不再被人珍视，新作无人订制，旧作在日常生活中遭受损毁。如有些居民认为自家的炕围画是“农村的土玩意，早过时了，要不是因为地里的农活忙不过来，早就刮掉贴瓷砖了”。

3. 官方主管部门文化遗产保护意识淡薄

在城市建设过程中，由于领导层和规划主管部门文化遗产保护意识淡薄，陕北地区固有的地方风格、地方样式被外来的甚至是上级“设计”的风格样式压迫排斥，有的因为无地容身而失传。如榆林市修复城内老街的一系列古建时，其建筑彩画被统一规划为官式彩画。有幸承揽文昌阁和鼓楼两处施工的当地匠师坚持榆林地方彩画样式，经交涉才改变了原设计，使图案更生动活泼，更具有地方特色，受到群众好评。

4. 陕北的一些可移动的彩画作品被倒卖

近年来外省、区许多敏感的商贩为投机牟利，在陕北大量搜集花箱柜等可移动的民间匠作彩画旧作向外倒卖。此项优秀文化遗产流失严重，有被挖空之虞，文化遗产科学考察工作也被严重干扰。

5. 陕北著名彩画匠师生计困难，仅存彩画团体解体

著名老匠师大多年迈体弱、身世飘零、生计困难，多不再操旧业。匠作世家年轻一代不愿继承祖业，世传的图像图案谱系及有关知识和技艺行将湮灭。20世纪成立、有余50年历史的榆林油画社、延安工艺美术公司已在90年代末解体，陕北匠作彩画事业根基趋于空虚。

6. 陕北民间匠作彩画作品极易损毁

陕北民间匠作彩画作品不仅极易损毁，而且在修复时需要将旧画全部抹去。当施工人员对特定彩画缺乏认识时，往往会将其全部彩绘成官式彩画，造成无法弥补的损失。

第二节　陕北民间匠作彩画研究的价值

一、国内外匠作彩画研究现状述评

（一）与本课题相关的研究成果

由中国建筑学会民居建筑学术委员会主任委员陆元鼎编写的《中国民居装饰装修艺术》结合典型图例从民居的装饰部位、装饰类别、工艺等方面对民居的装饰装修艺术做了分析和研究，这部著作对于各地民居装饰艺术的研究具有很强的指导意义；由清华大学教授贾珺主编的《北京四合院》从四合院的基本格局、空间构成、内檐装修、外檐装修等方面对北京的四合院做了系统的分析和研究，这部著作对于了解陕北窑洞民居的院落组合关系，特别是外部装修有很好的借鉴作用；侯继尧、王军主编的《中国窑洞》中，结合大量的图片和实例详细阐述了窑洞产生的条件，窑洞民居的分布、类型和窑洞聚落形态特征等内容，是我国窑洞民居研究中一部较全面较早的专著，对后续专家学者进行窑洞民居研究起到穿针引线的作用，应用价值和文化价值极高；顾蓓蓓编写的《门与窗的文化与图析》是一部专门论述苏州地区传统民居门窗艺术的专著，王文权编写的《中国窑洞门窗格子》在对窑洞窗格分类、窗格形式构成等进行简要论述的基础上，结合大量实景图片分析了不同时期、不同纹样的窗格图案，这两部著作对于研究陕北窑洞民居窑脸装饰艺术中的门窗格子及其审美文化特征有一定的启示。《陕西民居》(张壁田、刘振亚)、《陕北窑洞民居》(吴昊)、《陕西关中传统民居建筑与居住民俗文化》(李琰君) 三部著作主要论述的是陕西典型的民居形式和装饰艺术，针对性非常强。

（二）国内学者对陕北民居中装饰文化的研究特点

陕西作为一个文化大省，蕴含着丰富的民间艺术及其民俗文化资源。因此，陕北窑洞建筑中的装饰文化与民间艺术密切相关，比如陕北的民间绘画、剪纸、

刺绣、面花、布堆画、腰鼓等在陕北民居的室内外装饰中起着举足轻重的作用，透过对陈设的图案纹样和装饰题材的分析，我们可以从中探知陕北人的民俗心态、审美意识和精神情感，而这也是陕西民俗文化的重要组成部分。

其次，学者对陕北民居院落组合关系和空间形态的分析较全面，对窑洞室内外的装饰艺术探讨较少，缺乏理论深度和规模，特别是像陕北一些比较有代表性的民间匠作彩画，例如水陆画、民居窑洞内壁的炕围画及灶台画、家用器具上的匠作彩画等研究文献相对较少。

二、陕北匠作彩画研究的意义和价值

当今，陕北民间匠作彩画濒临灭绝，研究陕北民间匠作彩画的目的在于抢救陕北民间匠作彩画以及它赖以生存的传统建筑空间这块根基，唤起陕北官、民双方对保护本地匠作彩画的热情。加强人们重视陕北民间匠作彩画与相关传统建筑的保护意识，重塑陕北民间匠作彩画的性格，强化陕北民间匠作彩画的本土特征，促成陕北民间匠作彩画在社会主义新农村建设中的复苏。研究陕北民间匠作彩画与相关传统建筑的协调与保护，还可以为政府制定保护措施提供一定的文献参考，为绘画、环境艺术设计等提供借鉴。

对陕北民间匠作彩画的研究主要有如下价值:

(1) 陕北民间匠作彩画分布范围广、历史久远、人文内涵深厚、表现面貌丰富、审美特色突出、艺术成就很高，是西北黄土地文化的一块瑰宝。它为中国民间艺术资源宝库留下了一份珍贵的文化遗产。

(2) 匠作彩画在陕北长期以来是当地人民生活的有机组成部分，它以下层工匠为创作和传承主体，纵向接通社会上层主流文化，横向勾连农牧工商的市井文化，依托和扎根于山沟草原上的“草根文化”。这样多种文化元素的融合，形成中国民间艺术特有的复杂协合机制，自然地显示出文化生态学的典型意义，对陕北文化人类学、民俗生态学、宗教及美术史学研究都具有很重要的价值。随着考察推进，陕北匠作彩画的内涵将得到更充分挖掘，将成为中国非物质文化遗产代表作中一项非常有意义的项目，骄傲地展示于全世界。

(3) 该项目的民族传统特色与地方特色浓郁，可为陕北新农村建设提供文化财富，为对外文化交流、发展地方文化旅游、开发旅游手工艺纪念品生产提供一个门路。整理和研究该类文化遗产，可为发展陕西乃至中国当代绘画、工艺及环境设计乃至动漫创作等，够提供丰富的艺术创作语言和思路上的启示。

总之，针对陕北民间匠作彩画技艺进行抢救性的搜集、识别、整理和保存无疑显得至关重要。同时，本项研究成果亦可对传统彩画的修复以及仿古建筑的彩画工作加以引导，从而产生广阔的应用前景。综上所述，该课题具有独特的创新点和较高的研究价值。

第三节　陕北民间匠作彩画的渊源、演化与传承

一、陕北民间匠作彩画的研究方法

1. 理论研究

课题基于文化人类学、社会学、艺术学角度首先对陕北的多民族文化、宗教信仰、自然环境、社会经济状况、人口特征与人们的生活方式进行调查了解，其次对陕北地区的寺院、民居等相关传统建筑及建筑群落的院落布局、建筑形制、文化特征及演变、平面结构、类型特征、空间特征、地域文化特色、室内布局、建筑单体构造与其文化意义进行整体把握并结合榆林建筑的结构与人们的生活方式进行调查了解，然后在对陕北的相关传统建筑历史成因分析的基础上分析研究。从科学的角度肯定陕北民间匠作彩画的价值，从而对陕北民间匠作彩画的保护提出建议。

2. 田野调查

目前陕北民间匠作彩画的研究尚未形成系统，故而本课题首先从客观事实出发，采用田野调查的方法，从口述史料与实地考察两方面进行第一手资料的搜集。如此则避免了既定模式的局限，有助于发掘陕北民间匠作彩画自身的特点。其次，本论文结合各类文献资料，对陕北民间匠作彩画进行了多层次、多学科、整体性的整理和分析，力求使之条理化、系统化。最后结合相关的文献资料，进行大量的实地考察，以便通过对比对陕北民间匠作彩画进行更加准确的把握。陕北众多的古建遗存为系统性的考察提供了有利的条件。然而，彩画与木构建筑不同，结构上具有突出价值的建筑不一定饰有意义重大的彩画，结构普通的建筑却往往饰有相当典型的彩画。同时，绘制精美的彩画不一定具有地方风格，表现平平的彩画有时恰恰是贯通历史的线索。因此，本课题将考察范围锁定在寺庙道观建筑彩画、民居墙边绘饰，以及与此相关的庙会、水陆法会等文化活动。

3. 综合分析

这项研究重点在于田野调查，但是过分强调田野无疑会有片面之嫌。人类学家林惠祥教授曾总结：人类学是用历史的眼光研究人类及其文化之科学，这就已经提出了历史性对人类学的重要性。因为“短时段的历史无法把握和解释历史的稳定现象及其变化”，所以年鉴学派进一步提出将人类学与历史学结合的尝试，以实现一种“总体的历史”。我们研究问题往往自上而下，在书斋中去研究一项问题，这样难免失之偏颇，而应该采取自下而上的研究方式，到现场中去，到生活中去体验要研究的事务。而在建筑史方面，也同样存在着民间彩画亟待研究的问题。

综上所述，目前文化人类学、社会学、艺术学、经济学、民俗学、图像学等学科的理论与方法均对陕北民间匠作彩画的研究有所裨益。陕北民间匠作彩画虽然缺乏系统性的研究，但与之密切相关的地方志和佛道史料则比较完备。现有学术成果、文史资料、地方史志、碑记和民间传说等均有助于从各个视角来挖掘民间匠作彩画的深层内涵。本课题采用田野调查与文献资料结合、民间彩画与官式彩画比较、客观纹饰与主观选择结合的方式，并利用各类学科的研究成果进行关联性和整体性的研究，由此小中见大、大中见小，形成对传统匠作彩画的全面把握。

二、实施步骤

2018 年 1 月 –2018 年 6 月：调研与资料收集，审议项目方案，明确分工，完善计划。深入调查国内传统建筑匠作彩画的地域特色，整理地方志等相关文献资料，为研究奠定基础。

2018 年 7 月 –2019 年 7 月：进行陕北民间匠作彩画的考察与研究，对其存在的生态环境、传承现状、源流等方面形成阶段性调查报告，后期进行相关研究与论文撰写。

2019 年 8 月 –2020 年 1 月：对调查研究中所发现的问题和得出的结论进行全面总结，完成结题报告。

匠作彩画这一课题的参与人员包括中高级职称的教师，科研综合能力强，在多个期刊发表过学术论文。目前，课题申请人在陕北传统建筑学方面已有初步的研究，在此基础上已在多个期刊发表过学术论文，申请课题《延安窑洞建筑的现状及保护更新》作为陕西省文化厅艺术类专项项目予以立项并已结题，申请课题

《延安窑洞建筑的困境与合理性开发》作为延安市社科联艺术类专项项目予以立项并已结题，指导2014级大学生创新创业项目，课题为《延安窑洞建筑在新城规划中的应用研究》课题参与人员大量搜集和整理了陕北传统建筑方面的资料及文献，初步形成研究内容框架。

三、陕北民间匠作彩画的渊源、演化与传承

（一）陕北民间匠作彩画的历史渊源与演化

1. 陕北民间匠作彩画的渊源

古代陕北为农牧文明对峙与反复交叉及多民族交融的塞上之地。秦汉以降，为卫戍中原政权，历代皆迁徙内地人口来“戍边”，同时也多次吸纳了南下内附的少数民族，历尽兴废交替。明代以来，这里逐渐定型为以汉族为人口主体，并与西北的少数民族经济文化交往比较活跃，以农耕为主、亦重畜牧与贸易的区域。在陕北土地上，自汉代起民间工匠创作的汉墓石刻艺术就留下许多瑰宝。

2. 陕北民间匠作彩画的演化

宋、辽、金、元以来各地留下的壁画、雕塑、藻绘、建筑彩画等遗迹如繁星四布；明代中期，陕北再次出现建设和发展高潮。据《榆林府志》记载，明代天启年间，为建立文武圣庙，榆林地方官员曾专门派人到河南颍州聘塑、画高手五、六人来此地为庙中塑像绘画，并向本籍工匠授艺，至清代咸丰年间，榆林有画匠田丰、韩忠义等人在本地带徒传艺。但实情不止于此，之前，榆林画匠已经将技艺远播到大西北，故林则徐于道光二十五年二月初日记言及，在新疆途经库木什台后山上武圣庙及河色尔台东武圣庙曾见壁间彩绘三国故事，称赞“皆榆林来此换防之兵丁张玉荣、刘兆所绘，亦颇可观”。

1950年以前，在榆林县城内承揽做活的铺面十余家。宋自丑在北大街水桥畔开店，承揽裱糊字画；秦润鼎于鼓楼东北立铺，主搞人物绘画；万德雄、万德清兄弟在四方台东北设铺，主搞泥塑彩画、庙画，极负盛名；李金祥于盐市巷口东开铺，主搞建筑油漆彩作。在延安城内，则有著名的“白画”“王画”“范画”等匠师。60年代以后，时代环境变化激荡，陕北民间匠作彩画遭到严重的破坏。70年代末以后，国家正确的宗教政策得以落实，陕北借助特殊的地理人文环境，丹青匠艺从业者能多方寻谋生路，故合作组织榆林油画厂在30多年里保持有20多位画匠的规模。延安不仅工艺美术社有本籍著名画匠，还吸纳了关中名匠刘学良

等北上执业者；各县基层的零散画匠则数以百计，在相对封闭的地域中为中国匠作彩画坚守住一块有活力的“孤岛”。改革开放以后，群众物质生活改善，民间宗教活动正常化，陕北匠作彩画得到稍许的复苏，有新的发展，再次将技艺辐射到内蒙古、山西、宁夏、甘肃、新疆、广西等地。

（二）陕北民间匠作彩画的传承谱系及著名匠师

1. 传承谱系

汉代以前的历代艺匠传承谱系已不可考，但在陕北出土的画像石当中可以窥见陕北地区的当时的装饰纹样一斑。

唐朝的首都设在长安，陕北各地均属关内道管辖，下设夏州、银州、麟州、府州、绥州、瑕州等诸州。唐、宋、元以至明代以前历代画匠传承谱系已经不可考，但是陕北的装饰纹样无疑受帝都长安装饰纹样和风格的影响较大，从西安出土的大量的墓碑石刻可以推断出陕北地区当时的装饰纹样和风格。

清道光年间，榆林画匠张玉荣、刘兆以换防兵丁身份将丹青画艺远播到大西北，林则徐于道光二十五年（1845 年）二月记，在新疆库木什台后山及河色尔台东两所武圣庙内观览他们所作壁画，称赞“亦颇可观”。另外，咸丰年间（1851-1561 年）本地画匠田丰、韩忠义等人已在榆林带徒传艺。此为榆林画匠传名于清代文献者。

2. 著名匠师

现仍在各县乡从事彩画的匠师，统计有数十人，主要人物有刘志华、高生武父子、任今民父子、程进忠、阎兴成、田步富、李生斌、许汉文、白齐、胡宗强、刘富郎、蒲金山、张华、高俊斌、高建和、惠画、高智祥、刘红伟父子、田虎仁、贾园等。

陕北匠作彩画要不断传承，这需要匠师的努力，好好地寻找匠作彩画方面的人才。陕北民间匠作彩画不应仅被视为一种单纯的民间美术或地域性匠作技艺来加以保护，而应站在国家级文化遗产保护的高度，将之与相关传统建筑结合起来，才能使之得到更好的研究、保护与传承。

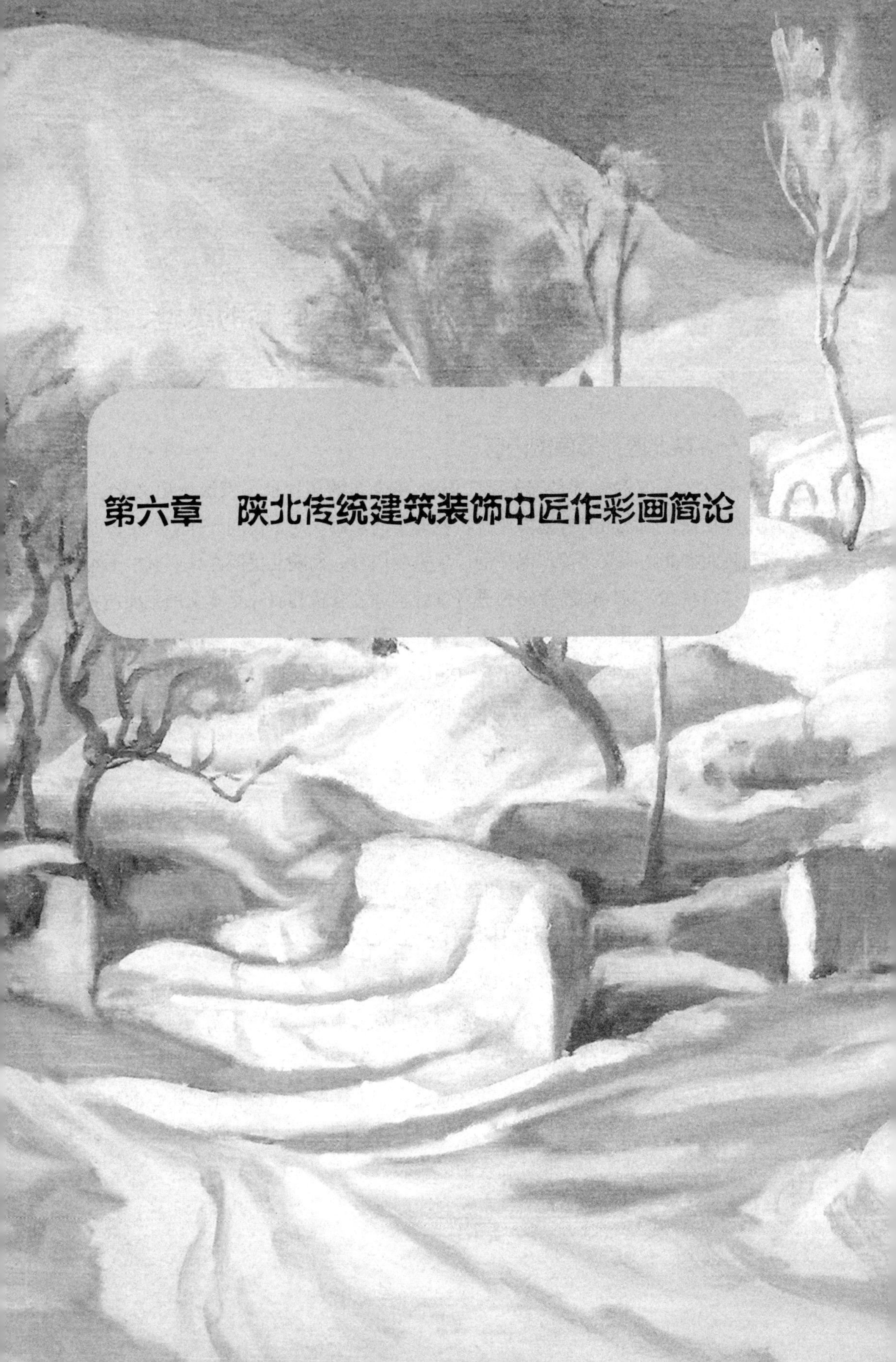

第六章　陕北传统建筑装饰中匠作彩画简论

第一节　陕北传统建筑装饰中匠作彩画的类型、工艺与特征

一、陕北匠作彩画的内容

陕北的延安和榆林是国务院于1986年公布的第二批国家级历史文化名城。两市现在保存着大量具有地方传统特色的民间彩画。对于民间匠作彩画的保护是当前陕西省非物质文化遗产保护的一项重要内容。而陕北民间匠作彩画的研究尚处于空白状态，对民间匠作彩画进行系统整理、分析和研究是本文的主要研究内容。与匠作彩画相关联的物质载体及工具主要有：

(1) 各式传统建筑的木质构件、天花、藻井以及各种油漆彩画的附着体；

(2) 民间宗教应用的神器，布质水陆画“神影”，施彩画装饰的木作器具如楼轿、神主、过关楼等；

(3) 民居窑洞内壁的炕围画、灶台画；

(4) 家用器具如箱、柜、盒、隔扇；

(5) 从业艺人使用过的图谱、笔记等文本资料；

(6) 提炼、制备桐油清漆及调制石色颜料的工具等。

二、陕北传统建筑装饰中匠作彩画的类型、工艺与特征

（一）陕北民间建筑彩画的类型与特征

陕北民间建筑彩画以延安和榆林著名的佛寺道观、窑居庄园、祠堂陵园和洞窟彩画为代表，按造型和造价主要分为七色遍装彩画、青绿彩画、素粉刷饰彩画三类。七色遍装彩画以陕北地区的寺庙道观的主体殿堂和著名窑居庄园的堂屋为代表，按造价分为七色遍装金彩、七色间装普彩两类；青绿彩画分布较广，以陕北寺院道观的次要配殿、厢房和长廊为代表，按造型和色彩分为青绿金彩、青绿普彩和青绿碾玉竹纹彩画三类；素粉刷饰彩画分为三类：花卉素粉刷饰、木纹素

粉刷饰、单色素粉刷饰，以陕北的园林或广场等场所的亭子为主要代表。三种彩画成熟于清代中期。就造型而言，七色遍装彩画相对独立，青绿彩画与苏式彩画有一定的相似之处，素粉刷饰彩画也是陕北特有的彩画。

1. 七色遍装彩画

七色遍装彩画是一种具有陕北地方特色的彩画，它的构图方式、色彩搭配和表现手法都不同于明清官式的和玺彩画、旋子彩画和苏式彩画。七色遍装彩画在陕北地区算是最高等级的彩画。七色遍装彩画分为七色遍装金彩、七色间装普彩两类。

2. 青绿彩画

青绿彩画是陕北民间建筑彩画中等级处于中间的彩画类别，它是陕北特有的一种彩画。青绿彩画的颜色较为简单，而且底色一般为青色或绿色，上面点缀一些吉祥花卉图案、龙凤图案、连续的回纹及富贵撅不断等图案。青绿彩画可以分为两类：

第一类叫作青绿金彩，绘制的部位主要有陕北寺庙次要神殿的东西厢房或戏楼的东西看台的梁、朽、凛等大木构件上。其绘制的图形主要有蝴蝶、牡丹、菊花、云纹等，其中蝴蝶多用沥粉贴金或片金，形象栩栩如生。

第二类叫作青绿普彩，这种彩画和青绿金彩除了少了贴金以外最主要的区别就是构图十分灵活，往往只是根据构件的长短由匠师自由发挥。凛头可长可短，凛身可有可无，凛心可用青绿两色刷饰，亦可绘制人物故事、花鸟鱼虫。

第三类是一种较为特殊的檐柱画法，叫作青绿碾玉竹纹彩。这与其他的绘制方法有所不同。这种柱子一般为靠墙柱，所靠的墙均刷成青色。所施彩画的檐柱均全部绘制一排排组合有序的嫩竹纹，宛如用竹子将檐柱包裹起来一样，竹节处有竹斑，而且，整个檐柱上均施绘这样的嫩竹纹，包括柱头和柱脚。从所存的实例来说，陕北这类彩画出现较晚，而且数量极少，目前只有在榆阳区的无量殿寺的财神宫中可以见到这种彩画。这种画法与清官式的海漫彩画斑竹座有相似之处，但两者的区别还是很明显的。第一，陕北的画法竹纹全部为绿色嫩竹纹，而清官式彩画则绘制成嫩竹和老竹间或搭配；第二，陕北的画法中檐柱上不绘制其他的图案，而清官式的还绘制福字、寿字和如意等图案；第三，陕北的竹纹只画在柱子上，而清官式的则施绘于整幢建筑的几乎所有的木构件上，上至檐瓦口、下至柱脚。

3. 素粉刷饰彩画

陕北还有一种素色刷饰彩画，颜色较为单一，一般有两三种颜色或仅有一种颜色。素粉刷饰彩画较为素朴，颜色搭配简单。一般有赤色和黑色搭配、黄色和黑色搭配、黄色和赤色搭配等，一般情况下赤色、黄色为底色，黑色、白色或赤色为树木纹路的颜色。这种简单的彩画一般在木质的基层上绘制木纹、云纹，有时甚至绘制较为简单的花卉等。这种彩画其实不算一种装饰性很强的绘画，只是将木构架刷一遍，以油漆颜料层来保护建筑的木结构，起到防水、防蛀、防风化的作用。相邻的构架之间有时直接用一种颜色涂刷就可以了。陕北的素粉刷饰彩画和《营造法式》中的刷染类似。三种素粉刷饰彩画中花卉素粉刷饰彩画等级最高，木纹素粉刷饰彩画次之，单色素粉刷饰彩画等级最低。

（二）主要图案和组合图案

陕北民间建筑彩画的图案和组合图案除了具有生动、色彩较为自由的特点之外，还蕴含着吉祥的含义。陕北地区有很多明清时期留下的寺庙道观建筑，从民间美术来讲，匠师们配图案都要讲究吉庆、法力无边等。而民居则多用红色、粉色图案，象征吉祥、多子多福等。

1. 单个图案

(1) 龙与凤

陕北彩画的龙纹主要按造型分为飞龙、转头龙、回头龙、蛇形龙、降龙、升龙、团龙和软草龙，相当于官式八种夔龙；按色彩分类有五彩龙、四色龙、青龙、黄龙、金龙五种。凤纹按造型分为飞凤、升凤、降凤、团凤四种；按色彩分为五彩凤、青红凤、红绿凤三种。从西安出土的唐杨执一墓门的额嵋的凤纹加软草雕刻可以看出陕北民间建筑彩画的凤纹历史的延续性。

(2) 麒麟、大象、狮子与梅花鹿、仙鹤和骏马

麒麟和狮子图案大量出现在陕北民间建筑彩画的平板杨、大额杭、小额杨上。麒麟为传说中的瑞兽，头像龙，身体和尾巴像狮子，脚似牛蹄。而狮子大多为蓝色的身体、绿色的长毛，头大腿短，眼睛圆瞪着，脚似狗爪，但是形象却憨态可掬。麒麟和狮子的主要区别有五：第一，麒麟有角而狮子无角；第二，麒麟的脚似牛蹄，而狮子的脚似狗爪；第三，麒麟脖子的鬃毛为黄色而狮子脖子的鬃毛为绿色；第四，麒麟身上的斑点花纹为龙鳞形，而狮子身上的斑点花纹为旋花形；第五，麒麟的头型较长，而狮子的头又大又圆。

在佛教中，青狮为文殊菩萨的坐骑，所以它的出现也常常伴随着文殊菩萨的出现。大象为普贤菩萨的坐骑，而陕北民间建筑彩画中的大象常常憨态可掬，四条腿较细，四蹄活像狗的爪子。或驮着金银珠宝，或驮着普贤菩萨。

梅花鹿和鹤是现实中的动物，后来被神化为神仙的坐骑。梅花鹿为寿星的坐骑，仙鹤为南极仙翁的坐骑。梅花鹿全身多为赭石刷色，其间点缀着白色的梅花斑，口衔如意，脚踏祥云；仙鹤均为白色的丹顶鹤，可能因为丹顶鹤在古代就少见，所以人们便对很少见到的丹顶鹤赋予神仙坐骑的身份。马为古代将军的坐骑。关帝因为忠义参天，所以被释道儒三家接纳为圣人，是三教集体崇拜的唯一一位人物。骏马彩画多出自陕北老爷庙（关帝庙）的建筑中。

除此之外，还有以下典型的图案：

(3)（蝙蝠）福纹与如意头

(4) 松、竹、梅

(5) 软草与夔纹

(6) 寿福、火焰宝珠与云纹

(7) 其他图案西番莲、灵芝、梵文、宝塔、莲座、寿桃、仙鹤、石榴、鸳鸯、金鱼、兔子、茄子，黄瓜，葡萄，西瓜，翠鸟，白头莺，黄鹏，黄莺

(8) 花卉与团花

2. 组合图案

陕北的匠师一般称为“讲”的彩画就是指有具体内涵与意义的组合图案。如将牡丹和玉兰花画在一起可称为“玉堂富贵”，与白头鸟画在一起称为“白头富贵”；将瓷瓶中安插一支小戟，再挂一个玉磬，称为“平安吉庆”。现在见到的一些早期彩画，不解其意就是因为各个“讲”是反映不同时期人们不同的思想观念同时现在人们又在创造一些新的讲，二者意义相差甚大。

下面是一些常用到的组合图案。

佛家八宝：法轮、宝伞、右旋螺、莲花、宝瓶、金鱼、盘长（吉祥结）

与官爵相关的：典籍、印章、花翎

与福禄相关的：暗八仙、灵芝、鹿茸与古钱

与日常相关的：西瓜、寿桃与盆栽

与古钱相关的：布钱、刀币、半两与五铣等

笔者主要结合文献，对陕北民间匠作彩画的渊源、演化、类型、特征和制作

工艺进行了详细的分析和论述，最后归纳出其独特的构图方式、色彩搭配和表现手法。

第二节　文化遗产视野下陕北民间匠作彩画与相关传统建筑的保护策略

一、陕北匠作彩画的特色与创新

首先，国内对彩画的研究大多局限于官式建筑彩画或某一朝代的建筑彩画，如：罗哲文先生曾经研究过中国古代的官式建筑彩画；郭黛姮女士曾经研究过中国古典建筑内檐装修艺术；蒋广全先生曾经研究过清代官式建筑彩画；高大伟先生曾经研究过颐和园建筑彩画；王仲杰曾经研究过故宫建筑彩画。其次，国内学者对陕北民居的研究多倾向于建筑及其环境本身的研究，较少的涉及依存于建筑本身的非物质文化遗产的研究，而后者却体现着陕北的人文精神。再次，国内对陕北民俗的研究多倾向于就某项民俗的具体研究，并不探讨它发展所依存的建筑空间的变化，而陕北的传统建筑空间和文化空间才是它依存的载体。综上所述，陕北民间匠作彩画与相关传统建筑的协调保护的研究潜力较大，对弥补我国地方匠作彩画的空白和非物质文化遗产的保护有重要意义。

二、文化遗产视野下匠作彩画与相关传统建筑的保护策略

陕北的延安和榆林是久负盛名的历史文化名城，有着丰富的历史文化遗产。然而，随着全球化和城市化建设的迅猛发展，陕北民间匠作彩画受到猛烈冲击，也逐渐失去了原有的存在土壤和环境。现代建筑代替了原有的陕北传统民居，机器印刷比手工作画占的市场比重更大。非物质文化遗产需要物质载体才能存在，而物质文化遗产又因为具有特殊的文化意义才被世人所认同，因此在进行文化遗产保护的时候，只有将二者有机地结合在一起，才能更好地做到“形神俱存”。

（一）保护方法

当前，我们正处在国家改革开放、经济社会大发展、文化建设繁荣兴旺的大好形势之下，陕北民间匠作彩画的保护得到了一定的重视，但保护的任务十分艰巨。为了保护及合理利用丰富珍贵的陕北民间匠作彩画，传承和弘扬优秀的陕北

民间彩画技艺，特制定以下方法：

1. 做好全面普查工作

普查工作是保护陕北民间匠作彩画的首要任务，其内容是记录陕北民间匠作彩画技艺，全面而科学地采集好陕北民间匠作彩画作品。忠实地记录下陕北民间匠作彩画的操作过程和文化现象，才能保存好流传至今的陕北民间匠作彩画的真实面貌，从而为政府制定、实施相关非物质文化遗产保护法律、法规提供可靠而科学的依据。做好普查，摸清底细，才能更具有针对性地保护与抢救非物质文化遗产，强调保护为主、抢救第一、合理利用、传承发展。在普查工作中，我们要以整体性、代表性、原真性为普查的原则。所谓整体性，指普查中要避免主观主义和教条主义，要兼顾城乡、兼顾各种不同人群的全面调查和采访记录。所谓代表性，即在全面掌握陕北的各种民间匠作彩画的底蕴的基础上，选择有代表性的彩画类型、彩画作品、彩画匠师及彩画技艺加以认真科学地记录。所谓原真性，是指普查时要忠实地记录原貌，按照民间美术作品和匠作技艺的表现形态，保持原状、不加修饰地将其记录和描述下来。只有符合这“三性原则”的普查和采录成果，才是真实而有价值的，才能经得起历史的检验。

2. 保护好彩画传承人和彩画团体

在陕北民间匠作彩画的保护工作中，传承人和德艺双馨的民间著名匠师尤其值得保护。建立起适合我省具体情况的彩画传承人保护制度，为他们创造良好的生活和工作条件。组织专家对传承人的成就进行学术性、专业性的分析和总结，对其优秀成果举办展演、展览和展示，同时安排他们通过授课、带徒弟等方式培养接班人，使陕北民间匠作彩画技艺得到较好的传承。

3. 建立陕北民间匠作彩画图文影像数据库

可以依托陕西省文化厅、陕西省图书馆信息资源共享办公室对人类“活珍宝”的陕北民间匠作彩画进行调研、考察，记录传承过程、优秀彩画作品的工作以后，就要对彩画匠师们的传承过程进行档案登记、数字化存储，建立专门的图文影像数据库。依托陕西省图书馆现有的骨干通信网络、信息技术设备和技术人才队伍，为陕北民间匠作彩画图文影像数据库的建设提供技术支撑。通过文化共享工程在陕西省四年来的时间经验，已经初步形成了资源征集、制作的规范和流程，锻炼出了资源建设的自有专业队伍。特别是在数字资源库设计、专业软件工具和检索标准方面所取得的初步成果，为项目建设奠定了一定的技术基础。陕北民间匠作彩画数据库主要通过文字介绍与非物质文化遗产的图片相结合的方式展现，部分内容将配合生动的音视频展示。建成的陕北民间匠作彩画数据主要以静态页面形式展现，以数据库存储数据，展现我省优秀的非物质文化遗产。

4. 充分发挥高校在陕北民间匠作彩画保护中的作用

高校作为一个智能与信息的基地，以及陕北民间匠作彩画保护的重要基地，应充分发挥其作用。首先，陕北民间匠作彩画是一项非常重要的非物质文化遗产。非物质文化遗产保护教育的核心是课程问题，非物质文化遗产保护要实现其目标，就必须在一定的路径上进行，这一路径便是课程，大力发展和构建非物质文化遗产保护的课程意义重大。其次，加强非物质文化遗产保护教育的师资队伍建设。振兴民族的希望在教育，振兴非物质文化遗产保护的希望在教师。要对高校教师提出一些新的要求，使其了解不同民族的民间文化艺术，利用不同的方式传递非物质文化遗产的文化特征，主动地将非物质文化遗产的教育融入教学策略、课程、教学方法、教学材料、考试和组织模式，等等。

5. 提高全民的陕北民间匠作彩画保护意识

在现实生活中，陕北民间匠作彩画的保护不仅仅是个别人或团体的任务，应该发动全民积极参与，提高全民的保护意识，只有这样才能更加顺利、真实和全面地保护陕北民间匠作彩画。由政府牵头，通过各个市县的文化馆、艺术馆将陕北民间匠作彩画的图文影像进行展览，以展览的形式向社会发布，让更多的人了解我省优秀的民间传统文化，进一步激发社会对优秀传统文化的保护热情，加强陕北民间匠作彩画的保护理念。

（二）保护内容

陕北民间匠作彩画的保护内容包括以下层面:

（1）保护现存的匠作彩画优秀代表作和相关的传统建筑。对其中可移动的代表作如箱、柜、画等征集并集中保护，不便移动的就地挂牌保护如寺庙及民居建筑彩画、壁画、彩塑，与当地管理者建立协同保护机制。

（2）保护并倡导全社会了解传统匠作彩画的风俗习惯。

（3）关心、保护从事匠作彩画的民间艺人，组建并扶持陕北匠作彩画协会，促进艺人技术交流，提高匠艺水平。长年资助著名彩画匠师，记录他们收徒传艺的点滴和平生经验。

（4）系统整理陕北民间匠作彩画的地方性技艺与风格体系。系统整理陕北匠

作彩画图画、图案纹式及特殊工艺技术的图谱与文献，保护其知识产权。全面、深入展开陕北匠作彩画史考察，推进学术研究。

(5) 保护流传民间匠作彩画的各类手稿、庙画粉本、画谱、文献等。

（三）保护步骤与目标

(1) 对陕北民间匠作彩画的保护一方面要保护其作为非物质文化遗产的形式、内容、色彩以及操作工艺，对其制定相应的保护目标和保护的步骤，以及与之相适应的保护计划；另一方面就是要结合当地的建筑、城市、环境等一切与之相关的物质文化遗产的保护，及时对相关传统建筑及窑洞进行挂牌保护。也就是说，对陕北民间匠作彩画的保护要从单纯物质形态的保护演进到对建筑形态、城市功能和社会结构都加以保护的“整体性保护”。

(2) 追踪调查匠作彩画受众及技艺传承人，开展系统性访问、登记和口述并逐一记录；理清基本面貌，系统分类、整理，出版一批科学价值高的图册、学术论文和研究专著。筛选一些成就高、贡献大的老画匠进行特殊照顾，帮助他们解决实际生活、整理经验和收徒传艺中的困难。

(3) 通过持久宣传，使民间匠作彩画保护在陕北形成上下共识，让陕北匠作彩画的展示和应用成为地方城乡建设发展的一项特色资源，全面改善此项传统文化遗产的濒危状况；在政府部门、企业、民间匠艺行业间建立陕北匠作彩画的联动协调机制，唤起陕北官、民各方对保护和利用本地匠作彩画资源的热情，促成传统风俗文化在社会主义城乡生活与建设中的复苏。

(4) 对陕北现在尚可追踪到的匠作彩画遗存（包括实物遗迹和非物质文化资料）进行全面考察，组织本学科专家、研究生以艺术学、文化人类学、社会文化学方法，在田野工作和检阅历史文档的基础上，对所获资料做深入系统的分析鉴识，以上述工作所得认识为据，提出对陕北匠作彩画进行科学有效保护的全面方案与分步骤工作计划。

总之，保护具有地域特色的非物质文化遗产已成为学界的共识，国家相关部门也陆续公布了各类非物质文化遗产的名录。陕北民间匠作彩画是昔日生活环境与风俗习惯的载体，是建筑遗产在持续使用情况下不断演化的生动实例，更是相关传统建筑保护与利用的重要支持。因此，作为一项非物质文化遗产的陕北民间匠作彩画不应仅被视为一种单纯的民间美术或匠作技艺。只有站在世界文化遗产的高度，将之与相关传统建筑和环境的生存与发展结合起来，才能使之得到更好的保护与研究。

第三节　陕北窑洞彩画的地域性艺术特征研究

陕北地处黄土高原和鄂尔多斯沙漠的交接带，其独特的地理、历史、民族变迁，造就了陕北窑洞彩画独特的地域性文化特质；陕北地区秦汉至元明一直是游牧民族与汉民族杂处融合之地，曾反复发生农、牧文明交流和民族交融，促成其文化多样性的存在。陕北在沙漠与黄土高原的包围之中，生态艰辛，造就了此地特有的审美取向，渴求鲜艳明丽的色彩和高亢的旋律；军事动荡频繁，屯垦戍边生活也使其成为农耕文化坚守的前哨堡垒，锻铸了其刚健有力的文化性格。因此，形成了陕北窑洞彩画独具特色的文化面貌。

一、陕北窑洞彩画的样式

窑洞彩画可以分为炕围画和灶台画两类。炕围画位于炕体周围的墙面上，灶台画与炕围画相连，位于紧挨着炕的灶台上方墙面上。这两类窑洞彩画中，炕围画用来保护墙体、防止蹭脏衣物，灶台画可防烟熏。炕围画通常是在高于炕表面大约90厘米的这段墙体上进行布局、构图、勾线和设色的彩画方式，大致分为两侧和正面三个立面。其画面部分通常是在高于炕表面60～90厘米的横框内，60厘米以下的壁面大多只刷单色漆，也有个别饰有印花。这种布局和农民的生活方式有密切联系，农民们习惯将被褥叠起来堆放在炕角，而堆放的高度往往为50～60厘米，恰好可以露出整个或绝大部分画面。另外，除了堆放被褥，他们还习惯背靠着墙，坐在炕上休息，因此这个高度也可以确保画面不受磨损。灶台画是指画在灶台上方，与炕围相连的画。灶台画的壁面同高或略高于炕围画，与灶台同宽，题材类似炕围画，主要由边框、内框、池画、角花、团花等要素构成，制作样式主要分为中心构图法和边框构图法。中心构图法是指将画面画于中心位置，此种方法较为常见；边框构图法是指将画面画于灶台边框处。

二、装饰风格

陕北窑洞彩画的总体风格是采用连续的几何式万字边和均匀的直线边框，加上多彩画，使窑洞彩画显得规整秀美。北部地区因为多用浓艳的暖色且插画极少，表现出大气豪放的艺术风格；中部及南部地区则多用冷色，并配有精美插画，呈现出清秀雅致的艺术风格。在实际绘制时，画匠们通常会采用单色铺底，用二方连续的万字边结合线框或花边勾勒布局，再加入精致插画，最后罩上明亮的清漆，营造出绚丽多彩的空间氛围和美感。插画题材主要分为三类：第一类是传统中有祥瑞意味的题材，如牡丹、公鸡、松鹤、蝴蝶、八仙等；第二类是寄托人们对外部世界的向往和憧憬，如火车、飞机、汽车，优美的湖光山色和亭台楼阁等。第三类是有情节和场景或带有说教意味的历史故事和戏剧人物，在描绘物象时，注重刻画细部并捕捉其特征，因祖传或师承受过专业训练的技艺高超匠人可以用寥寥数笔便将物象刻画得栩栩如生。还有一些自己学画的匠人，他们没有受过任何系统训练和理论指导，也没有现成图谱参照，只有通过自己在生活中对物象的理解，并多方寻找间接资料借鉴作画，画出的物象有些不可避免地显得稚拙、变形、扭曲，但依然能够将物象刻画得生动有趣。另外，匠人作画时通常并不完全按照自己的意愿去画。因为他们的作品是为百姓服务的，所以首先要符合受众的意愿：老乡们要求的画必须是通俗易懂，眉是眉、眼是眼、山是山、水是水，看上去一定要清晰；要求画面颜色鲜艳，人物形象要生动，不允许画得似像非像。民间画匠的作品虽然显得稚拙、粗犷，不合艺术的“常规”，但是从不矫揉造作，透出可贵的率真天趣，表现出独具地域特色的淳朴之美。在色彩方面，北部地区多用暖色铺底，诸如大红、深红，用黑色做边框的底色，边框用黄色或白色勾勒；南部地区则多用翠绿色铺底，边框底色用黑色、翠绿色或做成肌理，边框用淡黄色、粉白色或深绿色勾勒，而边框里插画的色彩纯度较高，诸如大红、翠绿、柠檬黄、湖蓝等，并蕴含祥瑞意味，如红色象征吉庆、绿色象征如意等。另外，有一种年代久远的古老窑洞彩画，通体为墨黑色或墨绿色，边框用金黄色万字边勾勒，边框里插画的颜色为浅黄色，用色简单明快。窑洞彩画里的线条，除了边框处的线为均匀的直线外，画面中的线条大多生动且不均匀，或明暗相间或顿挫转折，为的是更加细致传神地表现物象。

陕北窑洞彩画是一个与当地传统生活方式紧密结合，审美取向保持地域性艺术特征，充分显示民间艺术自然生态发展和本质规律的宝贵艺术遗产，承载着中华民族文化精神和情感诉求，亟须保护和传承。

第七章　陕北窑洞匠人技艺保护与传承

第一节　陕北传统窑洞村落乡土景观分析与保护发展研究

笔者通过对陕北传统村落保护和发展的探讨，为从突出村落乡土景观特征的视角下，去观察和研究陕北其他传统窑居村落的保护与发展提供具有参考价值的研究方法，有利于在研究陕北地区传统村落保护，传承村落乡土文化方面寻找类似经验，也为陕北地区传统窑居村落可持续发展建设奠定可借鉴的理论基础。

一、陕北地区人文社会环境

（一）多民族融合

陕北地区是五湖四海炎黄子孙的故乡，也是我国的文明发源地之一。在历史上中原文明和少数民族文明在长久的碰撞中交织成了一种别具特色的陕北地域文化。传统的红色文化、草原文化以及农耕时的黄土文化在这里交融，形成了风格鲜明的陕北文化。以游牧为主的其他少数民族不断迁入，在陕北黄土高原与汉族人长期骈居，在促进民族融合的同时，也使陕北地区民族呈现出多样化的特征。不同民族间文化、思想相互碰撞、交流，促进了民族融合，同时也加快了各民族的发展进程。陕北历史上曾有过多次规模性的民族迁徙，并以该地区为中心渐渐形成了汉文化为主、多种少数民族文化精髓并存的兼容包纳型的文化结晶，显现出别具特色的陕北区域人文风俗。陕北民风粗犷、作风果敢、气势凌厉、勇于斗争、韧性强。从古到今，突厥、鲜卑、党项、匈奴、汉、蒙等民族的民族特征就不断地在这片神奇的大地上发生碰撞，使得陕北地区文化的特性更加鲜明。

任何时候针对文化进行的整合政策都是具有双面性的，在我国北魏时期进行的汉化改革就是针对少数民族进行文化整合的举措，另外还有不少外来文化融入主流文化的例子，例如，北魏时期，孝文帝大举推行少数民族的汉化改革，这是在政策层面上促进民族文化融合的典型案例。历史上各个时期都有相应的文化整合措施，魏晋时期融入汉文化的民族有匈奴和鲜卑，南北宋时期融入汉文化的民

族则有女真、党项、内蒙古、西夏，等等。通过相关政策的制定，促进了两种文化的整合。所以不同地区的文化发展都受历史原因和当地环境的影响。陕北黄土高原文化同样也受当地特有的地理现象和农牧业发展的影响，通过一系列因素的影响，就形成了具有当地特色的文化并在今后的艺术和文化中具体体现出来。

（二）民俗文化

区域性的聚居生活往往会呈现出地区性的模式特点，这些特点风格鲜明，与当地的民俗文化紧密结合具有密不可分的关系。长时间在某一个特定的地理环境和文化背景下生存，人们在衣食住行的方方面面都会形成固定的风格和习惯，包括说话、吃饭以及娱乐文化方面，同时人们的日常行为也会受到这些风俗习惯的影响。

1. 陕北民歌

黄土高原由于受到地理环境和发展因素的制约，人们生活水平普遍较低，在这种背景下，人们需要通过找到合适的途径去宣泄心中的压抑和渴望，比如通过歌唱的途径来宣泄并获得内心的安慰。所以在荒凉的黄土高原就出现了脍炙人口、来自高原天然的歌声。陕北民歌以其永恒的艺术魅力震撼着一代代人的心灵。许多陕北民歌都与高坡深沟密不可分，也正是在这黄土高原的冲沟村落、土窑洞里，孕育出直率而坦白、深厚而悠长的信天游。

2. 社火

在黄土高原广袤的原野上存在多种多样的具有当地特色的艺术形式，其中社火是最具代表性的一个。每逢重大节日，黄土高原的人们都会举行盛大的社火表演，庆祝丰收或表达对未来美好的期盼。社火集多种艺术形式于一身，如闹秧歌、锣鼓等，其中锣鼓声音洪亮节奏欢快，可以充分表达黄土高原人们的阳刚之气和生活热情。

3. 饮食文化

小米和土豆是陕北生活吃食中的主角。 小米主要是做成小米粥吃，也有掺入绿豆和大豆等的。另外，常常将大豆辗碎煮成粥状的“钱钱饭”搬上饭桌。当地马铃薯进行各种各样的加工，从而把淀粉凝固成粉丝一样的东西，或磨碎后蒸成丸子等日常食用。 还有使用杂谷粉做成的面，称为“饸饹”的挤压面，是将缺乏黏度的杂谷做成面而发明的。

黄土高原地域广阔，民俗文化丰富多彩，构成了中华民族优秀的非物质文化遗产。随着社会的进步，如今有些习俗已经消失，有些还在民间流传着。例如，陕北各地的娶亲习俗与丧事窑洞生活习俗，随着社会的发展已淡化，而像陕北民歌、社火、剪纸这些民间文化又在新的社会条件下得到发展，使其从民间习俗中脱颖而出成为新时代的艺术，成为人类文化宝藏中的璀璨明珠。

二、陕北传统窑洞村落乡土景观分析

（一）陕北窑居村落的分布类型

1. 陕北窑居村落分布

陕北地区有 3 万多村庄，乡村聚落分布十分广泛，但是村庄内人口较少，每村平均人口只有 133 人。不同的自然环境会形成陕北村落差异化的分布与不同的布局特点，根据村落分布位置和周围自然环境的不同，可以将黄土高原丘陵区乡村聚落的分布分成下列几种：

(1) 河谷平原地带

聚落主要分布在当地大河附近，多以土石建造的窑洞为主，靠近坡地的有黄土和砖石建造的窑洞。

(2) 坡台地带

聚落主要分布于较大河流的一级支流的平地后缘和山坡。窑洞一般都是厚层黄土和砖石构建的，因坡度和地势高低交错，一般都是沿着河谷方向断断续续分布，无大型村庄，很少有超过 100 户的村庄存在，交通较便利，离水源相对较近。

(3) 支毛沟地带

聚落分布在当地较大河流的二级支流流域内，但是地方狭窄，平地面积也较小，多用来种田。窑洞一般为黄土、砖石接口窑洞或黄土窑洞。空间小所以村落也小，人口不超 50 户，房屋大多不在一起。耕地则多处于山坡上，生活和交通不便利。

2. 陕北窑居村落类型

不同的地理位置，自然环境形成不同的村落形态，依据前人对于陕北聚落的研究，按所处环境的差异提出主要有沿沟底溪岸发展的线型村落、沟岔交汇处聚集的村落、黄土高坡下沉式窑居村落和拱窑四合院村落。

3. 陕北窑居村落空间分布特征

(1) 以河谷空间体系为主体的分布

陕北地区主要大型聚落延安、绥德等都建立在黄河的主要支流无定河、洛河

等冲刷出的一级河谷平原上；中型村落例如衡山、宜川等建立在大理河等冲刷出的二级河谷平原上；小型村落聚集在众多小型河道背靠土山、邻近水源的地方。

(2) 聚落分布不均，呈“三向性”

陕北地区以农业生产为主的聚落依据不同的地质地貌呈现出了较为明显的差异性，聚落在黄土塬分布密集，在阡陌交错的沟谷中分部稀疏散落。陕北丘陵区的聚落分布的密度随地势平整程度的不同而变化，从地势最为平坦的河谷冲刷平原到在坡麓上可以开辟梯田的台地、分支沟道再到梁坡交错地带，村落分布密度逐渐递减。

(3) 村落分布与农业生产有关

随着陕北地区人口数量的增加，人均耕种面积逐年减少，农用耕地和生活空间也不断下降。陕北地区多以黄土丘陵沟谷阡陌交错的地质条件为主，能够用于耕种的土地不多且狭小。人们围绕这些方便耕种的区域建立聚落，密集散布在方圆四公里左右的范围内。每一片耕种区域的生态环境能够承受人口的数量是有限的，当人口数量达到承受上限以后，这些区域内的聚落就会做出相应改变。

（二）陕北窑居村落乡土景观影响要素

陕北地区的窑洞依据黄土高原的地貌呈现出多样性的分布特点。在数千米宽的河谷阶地散落着乡村和城镇。狭窄的地方峭壁直立，沟壑延伸长度可以达上百公里，在崖壁两边的窑洞如天幕散落的繁星。由于人口不断发展和种种自然、社会、经济、文化因素，窑洞村落有的逐步向沟顶、塬边缘以及塬上扩展，物竞天择，也有部分村落渐渐被历史掩埋，如此造就了各式各样的乡土景观格局。

三、陕北杨家沟传统村落乡土景观保护研究

（一）杨家沟传统村落乡土景观保护现状

1.村落整体风貌

杨家沟村落在窑洞建造的位置选择方面非常注重风水，总体布局依山而建，虽然城市化浪潮不断加剧，但对该村落的影响不是很大，村落的整体格局并没有发生太大变化，整个村落基本保持了山地窑洞村落的原貌。

在大自然的侵蚀下，地处偏僻的沟谷地带的杨家沟村落，因其经济落后，村民无力承担修缮传统窑居的经费，导致村落中的大多传统民居和街巷景观有些破败，失去了往日的光彩。幸运的是当地部分村民依然保持着原有的生活习惯，杨

家沟传统村落整体乡土景观形态保存较为完整。

2. 传统窑居保护

直至2016年，当地政府对杨家沟村落的10多处传统窑居院落进行了修缮，村落的传统窑居风貌得到了较好的保护，但是对村落中其余传统窑居的保护工作仍然存在急需解决的问题。由于传统手工匠人的缺失，传统手艺下的木雕、石刻、砖雕装饰艺术也逐渐湮没。这些装饰工艺可谓是传统民居的艺术宝库。新修复的窑居院落中缺少了许多细部构造和传统的装饰纹样，例如院落宅门上的雀替，工艺十分粗糙；窑居建筑的女儿墙、护崖檐并未根据多层砌筑的原则进行相关纹理装扮。对流传下来的窑洞建筑进行维护时为了更好施工，简化了大量传统元素，改用机械化批量作业，这种方式使传统窑居建筑修复后显得笨拙而生硬，缺少了原有灵秀精细的气质。对文化要素的体现形式以及区域特点的表达微弱。进行窑洞内部维护时，虽做出过相应的改变，可并未对所有因素予以充分考量，比如考虑村民根本需求，提升村民生活舒适度。

（二）杨家沟村落乡土景观保护策略

1. 重建村民对村落文化价值的认同感

在当今这个时代，对传统村落的保护，首先得树立整个社会特别是村民对村落的发展信心，使整个社会养成对传统村落文化予以保护的自觉性，进而实现对村落文化的真正修复。我们必须重新评估城市以及远离城市的村落在整个社会中的价值，深刻意识到虽然城镇化是未来的一大趋势，但是传统乡村也拥有美好的发展前景。传统村落继承了历史赋予它浓厚的文化底蕴，是中华文化的组成成分之一，保护传统村落既是对中华文化的继承发扬，也是对我国多样化文明的维护。我们可以通过电视媒体、网络媒体等多种手段进行村落文化宣传，让整个社会对先进观念形成统一意识，提高人们维护村落文化的意识，并将其作为自身职责，特别是增加村民对村落文化的认同，让其以生活在传统村落为荣，对村落文化更加珍视。

在对传统部落进行调研规划过程中，需要综合考虑当地村民反馈给我们的利益要求。村民世代居住在这些传统村落，传统村落的复兴与保护都和原住民有直接关系。原住居民应该加强对村落的保护，这不仅有利于传统村落价值实现和意义传承，也有助于原住民自我文化价值和传统村落文化的保护意识的提升，对传统村落保护和未来的发展有着十分重要的意义。事实表明，结合原住居民参与，

村落保护工作往往能发挥事半功倍的效果，更有助于村落的和谐发展。

2. 平衡村落风貌和生活质量的关系

对乡土景观的保护还包括对传统村落中受损院落、建筑等的修复。在选址上，传统村落往往会根据地方特点进行群体构造和环境布置，也会因其自然条件建造地域特色的建筑，从而形成各个村落的特色和标志。但历史更替，社会发展往往会对原有建筑群落、空间布置、村落肌理有破坏性影响，所以进行修复也是对传统村落保护工作的具体体现。

恢复并不意味着完全“修旧如旧”，而是将保护转为延续，注重个性的挖掘，提炼其中突出的特色，并且需要将修缮工作和符合现代发展的公共基础设施有机集合起来，在保持原有的历史底蕴的同时，引进现代化的成果，使其更加符合居住要求。

3. 活化乡土文化

陕北村落在社会变迁和发展过程中有一些习俗和传统被不断传承，杨家沟村是一个典型性例子，发展中保持其原有的生活、生产方式，加强文化传统和习俗传承，正是对村落文化的发展。在对民间文化的发现、保护和再开发利用工作中，必须用科学合理的方式进行资源整合，首先，在乡土景观保护过程中应以专业人士、专家学者为主导，并使其作用得到充分发挥；再者要注意对传统文化继承者、传统艺人的组织和培养，把迷信和文化区别开来，发掘文化中的内在含义、传统价值。很多在民间流行的习俗，比如对地方神、行业神的供奉，对某种神或者祖先的祭祀等，都是对先人的一种表达敬意和崇拜的方式，体现了普通群众对传统文化的继承和美好生活的憧憬，实质上还是我国传统文化能够传承不息的制度保证。

4. 重拾传统建筑工艺

恢复传统窑洞民居的装饰艺术。从房顶到门顶，五脊六兽、滴水瓦当、抱鼓石等传统艺术构件；作为反映民居和宅主文化品位的门匾；传统工艺的木雕、石刻、砖雕等均应进行保护性修复。但是随着时代的变迁，拥有一手绝活的匠人越来越少，他们渐渐老去，如今的年青的一代很少去学习这些传统手艺。当务之急是恢复古建的建筑材料和工艺手段，将老一代匠人们的手艺传承。多少年来，米脂城内基本停止了青砖、青瓦等建筑材料的生产，烧制艺人、高级古建木工、泥瓦工有的已经过世，有的老态龙钟。应设法搜寻健在的高级工匠让其回忆操作技艺，按市场需要恢复生产。这样一方面能满足当前仿古建材和工艺之需；另一方面能带出高徒，避免技艺的失传。

（三）杨家沟村乡土景观保护实践研究

在笔者看来，传统村落保护工作的关键在于修复和提升。修复有两个层面，一方面是对乡土风貌的修复，包括传统窑居、街巷空间、道路肌理、传统装饰艺术等；另一方面是重建村落原住民对村落传统文化的认同感。村民是传统村落的主人，加强其对传统乡土文化的保护意识是至关重要的。对传统村落乡土景观的保护并不是一个修旧如旧的过程，满足村民的物质文化需求，提升村落环境的宜居性，这样才能有效地避免人口外流，保证传统村落的良性发展，故笔者做出了以传承村落乡土文化为主导，在不改变村落街道空间尺度、传统窑居特征等整体乡土风貌的情况下，提升居住环境的乡土景观保护实践研究。

四、乡土景观特征下的杨家沟传统村落旅游发展

（一）杨家沟旅游发展现状与机遇

进入21世纪之后，随着红色旅游在全国的火爆，杨家沟才逐渐步入良性发展轨道。特别是近年来，在县委、县政府的高度重视和上级相关部门的强力支持下，经县文体局和纪念馆的不懈努力，杨家沟的面貌得到明显改观，知名度也相应得以提高。

杨家沟旅游产品建设较为单一，旅游项目开发尚属空白，当前的旅游竞争力与市场占有率较为低下，从实际调研情况看，每年接待游客4万～5万人次，主要客源地为省内、周边地区和北京地区客源，且这部分旅游者大多数属于观光型的爱国主义旅游者，旅游经济效益十分低下。如何使目前景区观光型旅游产品层次提升，增强旅游竞争力和产业经济效益，是杨家沟村落当前面临的重要问题。

（二）杨家沟村落旅游发展原则

1. 坚持乡土景观资源保护与旅游开发相结合

杨家沟文化遗产丰富，生态系统脆弱。在规划中，要保留各类建筑物的历史原真性和多元文化信息，保持黄土地的自然原生态之美，开展旅游既要重视当前的效益，也要兼顾长远的永续利用。

2. 坚持重点开发与资源整合相结合

杨家沟所呈现出的是一个承载着众多乡土文化的综合载体，当地的传统文化

不仅包含教育、宗教、红色文化，更加突出的是其在建筑方面的乡土文化，其中红色文化最具特色，为开发的重点。如果每一个单体资源独立作战，其竞争力都显得较弱。为此，在开发过程中要以红色文化为主，注入教育、建筑等文化的灵魂，打造杨家沟的特色红色旅游产品。

（三）杨家沟村落乡土景观资源整合

杨家沟旅游资源是由历史人文资源和自然生态环境有机组成的是以影响深远的革命文化资源为核心，以底蕴厚重的传统文化资源、耕读传家的教育文化资源、中西合璧的建筑文化资源、风格浓郁的民俗文化资源和绚丽多彩的影视文化资源为特色，以遗存百年的窑洞民居群落与黄土梁峁为载体的复合型乡土景观资源地。杨家沟规模宏大的窑洞聚落和曾经在这里决定中国命运的重大事件，从具象的物化建筑到抽象的非物质文化吸引物，其价值和潜力，在全县、全市、全省乃至西部均发挥着不可替代的作用。杨家沟的旅游资源是人文历史与自然环境相融相通的典范，革命故居和民俗建筑一体，窑洞院落与影视实景相辉，村寨城堡和黄土沟壑共生，人文景观与自然生态相映。

笔者对该村落的乡土景观资源进行整合，并探索适宜村落发展的旅游开发模式，并对其总体布局及功能分区和路网系统做出概念性规划。

陕北地区自然生态环境严苛，但却有着浓郁的传统民俗文化色彩。自然环境和人文环境对村落乡土景观的形成有着直接的影响。陕北从石器时代到中华人民共和国成立以后的历史发展，揭示了传统窑洞聚落分布和乡土景观演化的基本规律，可以看出社会、经济、文化等动因都会改变村落的乡土景观风貌。

第二节　窑洞营建技艺的优化与传承研究

笔者通过走访窑匠，整理收集独立式窑洞营建技艺，分析独立式窑洞营建技艺传承的价值及阻力，提出切实可行的传承策略；从营建技艺的角度对独立式窑洞优化更新，优化窑洞民居力学性能，提升窑洞民居的舒适性。

一、独立式窑洞营建技艺的优化策略

窑洞民居之所以被人们遗弃，根本原因在于窑洞民居的耐久性以及舒适性欠

缺，不能适应日益增长的物质及文化需求，从而被人们视为是落后的标志。大部分人弃窑建房也是基于这方面的考虑。在现行条件下虽然窑洞建筑还无法大量推广，但是新建窑洞完全可以在传统窑洞的基础上尝试新方法新技术，通过对传统窑洞营建技艺的提升与优化来提升窑洞的宜居性以及力学性能。

（一）力学性能的优化与提升

1. 合理的组团设计

侧推力是窑洞被破坏的主要因素，合理的组团设计可以高效平衡窑腿侧推力，独立式窑洞 3～5 孔联排为一组是最合理的，其间的侧推力可以相互抵消，只需在尽端做处理。低于三孔会造成材料的浪费，高于五孔的成排窑洞如果其中一孔坍塌，会造成整排窑洞全部坍塌。

2. 基础的处理

基础作为窑洞建筑的重要组成部分，其处理技术的改进可提高窑洞的力学性能，增加窑洞的使用持久性。传统独立式窑洞民居基础比窑腿略宽，下部为方形，有两种处理方法。一是用石块将基础填满，用三七灰土（30% 白灰，70% 黄土）作为黏合剂。具体步骤是先干摆石头，然后向下灌三七灰土。二是若石材有限，可用三七灰土夯实，每过一尺（约 30 厘米）的厚度夯实一次，大概夯实三四次。不过，这种传统的基础处理方式承载能力较弱，难以承受较大的荷载。为此要提高基础承载力，可利用现代基础处理独立式窑洞，采用砖石带型基础承受连续荷载是较为合理的；当荷载加大时可以采用混凝土带型基础。

3. 窑腿构造的处理

独立式窑洞民居拱顶的荷载一部分通过窑腿传递至基础，窑腿无疑是传力和受力的重要环节。传统窑洞民居的窑腿按照材料不同通常有两种处理方式：土砌窑洞的窑腿一般是黄土夯制而成；砌块窑洞的窑腿采用砖石砌筑而成，内部采用建筑废料和黄土填充。随着科技的发展，在原有的基础上提高窑腿的力学性能从以下两方面入手：一是提高夯土技术，二是优化传统砌筑材料。

4. 平衡水平侧推力

传统独立式窑洞一般把尽端窑腿做得很厚以抵挡侧推力，对材料和造价都是浪费。新型窑洞平衡水平推力的措施可以采用以下三种方式。

一是在窑洞尽端设置扶壁拱抵挡侧推力，同时利用扶壁拱斜面设置直接通向屋顶的楼梯，扶壁拱下部空间还可以利用。二是在窑洞两个尽端建造平屋顶

建筑，普通的平房建筑的受力是垂直受力，没有水平侧推力，在窑洞尽端建造平房可以减少尽端墙体的厚度，抵挡一部分窑洞侧推力，建造的平屋顶建筑可以当作储藏室等使用。三是在尽端窑洞内部窑腿两端用钢筋牵引固定，窑洞从窑脸到窑掌大约固定三根钢筋，并且在窑洞内部用圈梁圈定，使窑洞的侧推力向内部收缩。这样的做法也可以减小尽端窑腿的厚度，虽然尽端两个窑洞的内部空间被钢筋打破，但是可以设置吊顶和天花遮挡。

（二）舒适度的优化与提升

传统窑洞村落基础设施不完善，吃水用电等较为不便，新建窑洞聚落首先应该完善基础设施，然后再提高其居住舒适度。

1. 平面设计的优化

(1) 室内联通

传统独立式窑洞为了保证窑腿的力学性能，在窑腿处很少开洞口，所以室内很少联通，各窑洞间的整体性较弱。若遇上雨雪天气，穿梭于两孔窑洞间十分不方便。新型窑洞设计应该将窑洞间相互连通，以三孔窑洞为例，窑洞内部可以打通，中间一孔作为客厅，左右两端用作卧室或者厨房，卫生间穿插其中。

(2) 窑腿利用

传统独立式窑洞窑腿很厚实，对于空间以及材料来说都造成了浪费。新型窑洞中桩窑腿从力学角度来说做到 24 厘米厚就能满足要求，但是考虑到立面比例，将窑腿设置为 60 厘米厚。过厚的窑腿内部可以用作储藏空间。

2. 室内环境的优化

传统窑洞室内通风采光较差，容易造成室内潮湿、阴暗，主要借助以下措施取得改善：

(1) 窑掌开窗。独立式窑洞不受地形限制，可以在窑掌处开设高窗，高窗采用双层玻璃加强保温隔热功能，其与窑脸形成空气对流，以解决通风问题，同时还可以解决部分采光问题。

(2) 室内刷白灰涂料。传统窑洞室内往往不做处理，由于材料本身属于深色系，不能很好地反射室内光线，所以造成室内光线过暗。新建窑洞可以在室内做白色粉刷，提高其反光性能，增强室内亮度。

(3) 室内吊顶。传统窑洞室内拱券裸露，略显单调；同时如果拱券较高，室内会显得太过空旷。为改变室内空间舒适度，可以根据需求设置吊顶。吊顶最好不要做成全封闭式的，如图所示的木质镂空的吊顶就取得了良好的室内效果，不仅保持了原本窑洞的结构特征，还增加了空间的趣味性。

（4）加设阳光间。在窑脸前根据地域特征选择性地加设阳光间，在晴天可以利用太阳热提升室内温度，白天窑洞利用阳光间储藏热量，晚上释放热量。阳光间内可以放置沙发或者躺椅供休息之用。

3. 现代家居的置入

传统独立式窑洞标准的配件就是炕、灶，除此之外就是简单的桌椅家具。伴随着人们经济收入的增长，生活方式也发生了改变，随之而来的是现代家居的产生，所以独立式窑洞也应该利用现代设备来改善其居住舒适度。

（1）引入厨房设备

传统窑洞的厨房一般设在室内，传统燃料容易产生大量的油烟，大量的油烟无法排除会凝结在墙壁和窑顶上，形成极难清理的污垢。新建独立式窑洞的厨房应该使用天然气等新型燃料，并且设置油烟机吸取油烟，尽量把厨房设置在窑洞的窑脸或者窑掌处以便开窗通风。

（2）引入卫生设备

传统窑洞卫生间一般设在室外，大部分还是采用传统蹲式便位设计，老年人使用起来极为不便，而且清理较为困难。新建独立式窑洞可以将现代坐便器引入室内卫生间。

4. 太阳能炕的置入

火炕采暖是传统独立式窑洞典型的采暖方式，利用炊事余热在炕体下部环绕以加热炕体，但传统火炕的温度调节较为困难，而且炊事设备已经更新，不能再利用传统方式采暖。然而由于传统炕灶体系在独立式窑洞中的文化象征地位较高，且传统炕灶体系仍然有优势可以挖掘，故不可以简单地舍弃。

二、独立式窑洞营建技艺的传承

（一）独立式窑洞营建技艺的传承价值

所谓取其精华去其糟粕，具体到独立式窑洞营建技艺中，哪些是其精华的部分呢？其精华部分应该是在当代具有发展前景的技术以及要素，笔者认为主要有三大要素：拱券结构的合理性、覆土建筑的生态性、工艺装饰的传统性。

1. 拱券结构的合理性

在拱券结构的发展历史上，从来都不缺少实例，不过这些实例大都集中出现在西方。在西方建筑史上，拱券技术在古罗马时期被大量运用，拱券成了当时公共建筑最显著的特色，对后世欧洲建筑影响巨大。拱券结构的种类也较多，有筒拱、交叉拱、十字拱等结构形式。因为混凝土技术出现较早，利用混凝土和拱券技术的古罗马能建造满足各种复杂功能要求的建筑，西方后世的大量公共建筑都是由砖石拱券结构形成。拱券结构在我国经历了由地下到地上的发展过程，即从早期的地下墓穴拱券到佛塔、桥梁、城门等地上建筑。

2. 覆土建筑的生态性

近几十年以来，随着城市化进程的加快，大批量的建筑被复制式地建造，带来千城一面现象的同时也使建筑渐渐远离了自然。钢筋混凝土的盒子被认为是先进生产力的代表，对传统覆土建筑的印象就是脏、乱、差，认为“土”是贫穷与落后的标志。

独立式窑洞窑顶上覆土可以隔绝外部空气，使室内环境无论是夏季还是冬季都能保持在一个相对舒适的区间。这也是窑洞民居的一个典型特点。在倡导可持续发展与绿色建筑的当代，窑洞的覆土性能也是传承要素之一。

3. 工艺装饰的传统性

中国传统窑洞民居是黄土高原地区长期以来形成的历史产物，与大地紧密结合，其整体凸显的是质朴、浑厚、粗犷的艺术风格，在我国陕西、河南、山西、甘肃、宁夏等地区都有分布。窑洞的整体形态、风格因地域不同而呈现出各自独有的艺术特点，窑洞民居的装饰特征也蕴含了我国黄土高原不同区域人民的情感思想以及美学理念。

（二）营建技艺的传承策略

传统的窑洞营建技艺传承方式是师傅带徒弟式的手把手教学，人在实践中学习与进步，因各地营建窑洞的方式有差别，所以也没有系统化的“教材”供参考。在当下对营建技艺的传承主要应该从以下几个方面入手：

1. 营建技艺的收集

最近几十年弃窑建房现象严重，老一代的窑匠无活可干，自然也没有徒弟拜师，不作为的结果将是营建技艺随着老一代窑匠的逝去而消失。对营建技艺的收集可以从以下途径入手。

一是整理文献，对有关独立式窑洞营建技艺方面的文献收集整理，去除重复的部分，使其系统化。二是匠人访谈，走访窑匠，请其讲述独立式窑洞施工流程及要点，如果对方有一定的文字及绘画功底，请其将营建技艺形成可读性的资料。三是实例检验，对以上内容通过实例进行检验，避免眼高手低，最终形成一套系统性的储存资料。

2. 营建技艺的优化

阻碍窑洞营建技艺传承的最大困难就是传统窑洞的居住条件无法满足日益增长的居住需求，所以对其优化是必然的。新材料、新技术代替了传统材料与技术，应该借助新材料、新技术的优势规避传统独立式窑洞的劣势，主要应该从以下三个方面优化营建技艺。

一是力学性能的优化与提升：传统独立式窑洞因为施工不规范所以不甚坚固，需要经常维护，所以利用现代技术材料提升力学性能是优化营建技艺的重要内容。二是舒适度的优化与提升：利用新材料新技术改善传统窑洞的居住属性，如通风采光差、空间单调等缺点。三是节约成本，缩短周期：利用现代技术采用模数化设计，降低造价、提高施工速度，这一点是在完成以上两点所需兼顾的。

3. 营建技艺的系统化

传统的营建技艺学习是师傅带徒弟式的实践教学，没有固定的施工模式，这样会导致施工质量的参差不齐。新的社会条件下，新的营建技艺必须进行系统化的整理以及教学。

一是对独立式窑洞的建造进行模数化处理；二是独立式窑洞按照地域、材料、形制分类储存、优化其营建技艺；三是对不同地质区域的独立式窑洞在力学处理上予以区分；四是相关节点构造形成具体的参考性图示。

独立式窑洞的三大传承要素是其发展优化时必须坚持的，但是新的居住观念、设计手法都没有很好的将其传承。随着经济的发展，将传统民间智慧全部抛弃是十分可悲的，固然传统独立式窑洞营建技艺在社会、经济、文化等方面都存在问题，但是基于其传承要素的合理性，我们要实事求是，保留其价值、发展其精髓。

第三节　陕北民间艺术——陕北窑洞的艺术保护与保护

陕北民间窑洞是我国北方黄土高原上特有的民居形式，窑洞是当地居民繁衍生息、创造灿烂文化的地方，在建筑结构上具有冬暖夏凉、保持和调节室内温度的作用。

一、陕北窑洞的美学特征与建筑装饰艺术

首先，窑居之美表现在窑洞与自然的和谐美。受中国传统建筑文化的影响，窑洞建筑一般按山势的凹凸皱褶走向营造，这样既可以避开洪水、泥石流、塌方、斜溜等自然灾害，又能兼顾汲水、耕地之便，达到既充分利用自然又和自然融为一体的天人合一境界。为了与周围的黄土构成和谐的统一体，窑洞的主色调是黄色和青色，这种青灰色给人以坚固、沉稳、大气的视觉感受，在黄土和绿色植被的衬托下显得协调统一。

其次，窑洞之美表现在其布局和村落的均齐之美。窑洞民居建筑是一个系列组合，一般以院落为单元，构成窑洞群；也有一些靠崖式窑洞群，连排成线。窑洞沿地形变化、随山势而走，成群、成堆、成线地镶嵌在广袤的黄土高原上，以台阶行空间的构图，给人一种雄浑、壮美的感受，起到了化单调为神奇的作用。

再次，窑洞之美还表现为其独具特色的装饰之美。窑洞的装饰主要集中在门、窗部位。窑洞的门、窗都是由木质框架做成，并装架在窑洞的正面。一般上部为两扇天窗，下部左侧为两扇木板合对而成的门。裱糊的木质窗格，逢年过节或者家有喜事的时候总会贴上剪纸窗花，有喜庆吉祥之意，同时显得明亮干净且富有地域特征。

二、陕北窑洞民居的装饰特点

窑洞的自然采光主要靠的是洞口的窗户，因此窗户是整个窑洞中最讲究、最美观的部分。拱形的窑洞口由木格拼成各种美丽的图案。当地人认为，门框上面

半圆的形状和门窗的方形组合，恰好表现出了人类远古时期曾经固有的“天圆地方”的概念。窗户分为天窗、斜窗、炕窗、门窗四大部分。窗棂组件形成的横格与斜格纹图形，则体现出了宇宙生生不息的旋律。窗棂格子的数目，表现着人们对某些认为吉祥数字的钟爱。由于窑洞色彩单调，为了美化生活，窑洞的主人们用剪纸装饰窑洞。人们根据窗户的格局，把窗花布置得既美观又得体。窗花贴在窗外反映出了人们所崇拜的图腾和对美好生活的向往与憧憬。

陕北的火炕是窑洞的另一特征。为了美化窑洞，火炕也成了其中不可少的美化之一。特别是在炕周围的三面墙上大概一米宽的地方贴上一些彩纸，有些主人还会把漂亮的纸或布沿土炕边粘贴，这样既可以避免炕上的被褥与粗糙的墙壁直接摩擦，还可以保持被褥干净。炕围子是传统窑洞一种主要的实用性装饰。为了美化自己的居室，有不少人家在炕围子上作画，这也是陕北具有悠久历史的民间艺术——炕围画。

三、陕北窑洞未来发展趋势

窑洞作为陕北传统的地域建筑符号，保留和发展窑洞在陕北地区有相当的群众基础，但是，由于卫生条件差、交通不便等原因，窑洞建筑又不能完全满足当地群众对现代生活的追求。21世纪以来，随着陕北黄土高原经济的发展，人们的观念也慢慢地发生了变化，现在一些先富起来的中青年人开始急切地“弃窑购房”或“弃窑建房”。因此，陕北地区的均衡发展确实离不开窑洞的发展，窑洞经过改良创新，在建筑形式、建筑功能、节地节能等方面还可以走得更远。

（一）充分利用窑洞民居的环保价值

由于黄土高原为干旱和半干旱地区，冬季严寒、夏季酷热，最冷的时候气温可达到零下20摄氏度，最热气温可达40摄氏度左右。黄土是绝好的保温隔热建筑材料，无论冬夏，窑内温度基本上保持在20摄氏度左右，是最舒适的居住温度。窑洞的建筑材料主要以生土为主体，而这种生土又是一种绿色建筑材料。窑洞倒塌或拆除的建筑垃圾，可以变成富含腐殖质的“熟土”回归大自然，形成良性循环。因此，应用当地可再生可循环建筑材料（黄土，青石），运用挖掘加固方式建造新型窑洞建筑是一条切合可行的途径。

（二）以窑洞民居为载体，开发特色旅游

过去陕北窑洞主要是作为居住场所存在，如今高楼大厦把陕北的城镇装扮得

相当都市化、时尚化，失去了属于陕北的地域特色，也模糊了革命圣地的身份。今后要拓宽其使用功能，使其作为一种文化载体。首先要做好与窑洞相关的历史文化传说的发掘和保护工作。其次，要做好窑洞相关的革命事件的发掘和保护工作。除了保留和整修老窑洞，发展红色旅游和农家乐之外，还可以依地势合理地修建窑洞办公建筑、窑洞疗养院、窑洞银行、窑洞酒店等。红色旅游是近年来开发的重要旅游资源，在开发其红色旅游的过程中，要很好地发挥区域优势，形成自己的地方特色，改变窑洞平面形状的单一，适当扩大单体跨度，设置必要的防护体系，增加科技含量，对窑洞建筑再设计，增加其使用功能。

（三）以本土的窑洞民居形式，建造更具有艺术特点的新窑洞

政府应加强窑洞周围生态环境的治理。过去由于过度的开垦，如今的陕北出现了严重沙尘暴天气、水土流失现象，甚至山体滑坡。因此需要相关部门要制定一些相关的环境保护政策，加大对地质灾害的治理研究和投资，这对保护和发展窑洞有着重要意义。

相关部门和专业人员应该联合对窑洞进行合理的规划和管理，利用被废弃的窑洞逐步建成生态居住带。同时，进行合理的选址、统一规划、把原来分散的窑洞院落集聚在一块，这样就形成了生活集中居住区。在建造窑洞小区时，要保证上下水、道路与停车、建筑材料与技术、照明与通信、文化娱乐等，将水、电、暖等供、排系统集中于一个体系，将其配套的设施与室外的环境也规划在其中。利用山势的走向来规划窑洞群，或是顺着山势呈等高线进行布置，或是在大片土坡之下建造，这样既可与大地相融合，又可在黄土高原上形成一道特有的窑洞景观。

窑洞民居是中国建筑文化的宝贵遗产，一直以来它解决了生活在这片土地上人们的居住问题，很好地利用了节能、环保、实用等生态美的特点。随着社会水平的不断提高，窑洞民居要进行重新设计以及合理的改造，在不影响民居保护的同时，还需积极探索新的民居形态。在今天资源匮乏、能源日益紧张和城市面貌雷同的情况之下，在陕北地区发展节能生态的新式窑洞是有必要的。在保留陕北窑洞民居美学特征以及建筑装饰性等特征的前提下，窑洞可以更好地与当代设计相融合。

第八章　结束语

陕北地处农牧交界带，汇聚了农耕文明与游牧文明。陕北人既有农耕文明的内敛细腻，又有游牧文明的奔放粗犷，两种交织的生命体验反映在陕北窑洞上。传统陕北窑洞有其精致的一面，但是简单的材质与线条决定了窑洞的整体风格。传统陕北窑洞是自然而朴实的，陕北窑洞的魅力不在于发展变换，而在于简单质朴、意蕴浑然。

窑洞，这一体现了天、地、人之和谐共处的生态建筑形式，具有鲜明独特的存在价值和意义。它是诠释黄土文化的重要组成部分，不仅孕育了黄土高原浓厚的风土民情，更使得华夏子孙得以生生不息的繁衍。提起窑洞，不得不让人想起陕北连绵起伏的黄土高原，那里至今还保持着人们延续了几千年的重要居住方式——穴居。它是农耕文化的传承，更是华夏文明的延续，承载着千百年来人与黄土的深厚情感，与大自然的紧密联系。窑洞文化和陕北黄土地貌环境的有机结合，形成了具有鲜明地域特色的黄土文化。

在陕北，一方面城市的生活与农村乡野的巨大反差让诸如农家乐之类生意火爆；另一方面有许多改良的新式窑洞在平房与楼房之间，试图重新定义优良的居住空间。当前是窑洞将消失而未消失的时代，陕北人一般自己幼年或自己的父辈都有住窑洞的经历，但现在已经离开窑洞而另居了他处。在这个迅速变化的时代，没有完全褪去的记忆使一代人对窑洞有一种精神上的向往。窑洞确实表现出了陕北的某种程度上的文化意义，这种文化意义也体现在对窑洞的审美关怀上。陕北窑洞的文化其实不只是风俗习惯，也不只是装饰艺术，还与深层的心理性格有关。不仅窑洞有着文化上的意义，而且，文化意义会影响窑洞，包括影响窑洞的风格。窑洞的美学意义从某种程度上来说，也是窑洞的文化意义。

陕北窑洞民居建筑装饰呈现出古朴大方和谐的风格，主要体现在大门、窑面等显要的部位。装饰体现出主人的身份地位、经济实力和文化品位，把实用性与艺术性相统一，追求自然、美观、吉祥的效果，其因地制宜，体现出人与自然和谐的美学风格。

陕北民间匠作彩画是陕北农村城市化进程中亟待保护的非物质文化遗产。笔者以陕北民间匠作彩画为研究对象，从理论研究和制定保护策略的目的出发，选取了陕北这个最具地方特色的典型区域，从地域性和历史性两方面对陕北民间匠作彩画进行了系统性的整理和分析，并提出相应的保护策略。

文化遗产兼具“物质性”和“非物质性”两种因素。陕北窑洞非物质文化遗产需要民居环境为其提供生存、发展和传播的物质空间，古城民居环境亦因存在于其中的非物质文化遗产而得以体现出价值并良好地延续和保存。它们之间相互依托、相互制约、共同发展。在保护过程中，必须明确它们之间的关系，将其视为一个整体予以保护和发展。

保护和传承非物质文化遗产是一个具有理论和实践双重意义的命题。加强非物质文化遗产的保护，对传承民族文化、弘扬民族精神、增强民族自豪感和凝聚力、大力发展文化产业、繁荣旅游事业和加强中外文化交流具有十分重要的意义和作用。

笔者通过对陕北米脂古城民居环境和蕴含其中的非物质文化遗产的深入研究和探讨，论证了古城传统民居环境的保护与开发同非物质文化遗产的保护与传承有着密不可分的关系。将非物质文化遗产与物质空间环境相结合进行整体性和原生态性的保护与利用，一方面体现了民间艺术与技艺的原真性，另一方面则对传统民居建筑环境的保护注入了生命力，既使它们的文化历史价值得到充分的展示和发挥，又使艺术和技艺可持续地传承下去，从而进一步促进和加强两者之间相互依存、相互支撑、共同发展的关系。这一论题的研究对切实保护米脂古城丰厚的文化遗产提供了有价值的参考，具有一定的现实意义。

参考文献

[1] 何俊寿，王仲杰．中国建筑彩画图集（修订版）[M]．天津：天津大学出版社，2006．
[2] 俞天鹏，亢春光．实用美学[M]．成都：西南交通大学出版社，2009．
[3] 陕西省文化厅．陕西省第一批非物质文化遗产名录图典[M]．西安：陕西人民美术出版社，2008．
[4] [英]丹・克鲁克香克．弗莱彻建筑史[M]．北京：知识产权出版社，2001．
[5] 王树村．中国民间美术史[M]．广州：岭南美术出版社，2004．
[6] 宋生贵．传承与超越：当代民族艺术之路[M]．北京：人民出版社，2007．
[7] 高大伟．颐和园建筑彩画艺术[M]．天津：天津大学出版社，2005．
[8] 王文章．中国非物质文化遗产保护论坛论文集[M]．北京：文化艺术出版社，2006．
[9] 戴志坚．中国传统建筑装饰构成[M]．福州：福建科技出版社，2008．
[10] 本论文编写组．国家级非物质文化遗产大观[M]．北京：北京工业大学出版社，2006．
[11] 张昕．晋系风土建筑彩画研究[M]．南京：东南大学出版社，2008．
[12] 边精一．中国古建筑油漆彩画[M]．北京：中国建材工业出版社，2007．
[13] 陕西地方志编纂委员会．陕西通志・文化艺术志[M]．北京：中华书局，1994．
[14] 西安测绘技术信息总站．陕西省地图[M]．北京：星球地图出版社，2007．
[15] 郭冰庐．窑洞风俗文化[M]．西安：西安地图出版社，2004．
[16] 榆林市志编纂委员会．榆林市志・工业志・工业美术业[M]．西安：三秦出

版社，1996.

[17] 延安市志编纂委员会．延安市志·文物志[M]．西安：陕西人民出版社，1994.

[18] 梁思成．中国建筑史[M]．天津：百花文艺出版社，1997.

[19] 刘敦祯．中国古代建筑史（第二版）[M]．北京：中国建筑工业出版社，1984.

[20] 闫顺凯，孔宇航．建造模式与场所营造——晋中地区独立式窑洞解读[J]．建筑与文化，2015（11）：168-170.

[21] 刘小军，王铁行，于瑞艳．黄土地区窑洞的历史、现状及对未来发展的建议[J]．工业建筑，2007（S1）：113-116.

[22] 黄利荣，常俊玲，陕北窑洞建筑的变迁及发展趋向[J]．西北工业大学学报（社会科学版），2004（01）：35-38.

[23] 杨红霞，崔保龙．陕北窑洞的民间施工工艺[J]．建筑工人，2004（10）：14-15.

[24] 罗祖文．论中国传统建筑艺术中所蕴含的生态审美智慧[J]．山东社会科学，2012（04）：55-58，82.

[25] 李峰，李志民，王艳安．陕北小城镇居住建筑适宜性研究——以志丹县新型窑洞为例[J]．湖北农业科学，2011，50（10）：1993-1995.

[26] 靳亦冰，马健，王军．甘肃陇东地区生土民居营建研究[J]．建筑与文化，2010（10）：86-87.

[27] 史长英，段广德，郭烨．延安地区窑洞建筑与环境的研究[J]．内蒙古林业科技，2014（02）：61-64.

[28] 崔玲，王波，王燕飞．窑洞的生态优势及其在建筑中的体现[J]．河南科技大学学报（社会科学版），2003（2）：85-86.

[29] 卢育三．老子释义[M]．天津：天津古籍出版社，1987：191-206.

[30] 张叔明．窑洞空间：对陕北生土建筑文化的诠释[J]．中国文化研究，1994（1）：118-122，117.

[31] 李峥，裴雷．中国传统建筑中的“土”文化——窑洞建筑[J]．武汉科技大学学报：自然科学版，2000（3）：69-71.

[32] 郝艳娥，李奇，等．陕北窑洞结构有限元分析及加固方法探讨[J]．建材发展

导向，2014（24）：65–67.

[33] 刘少安. 创造传奇的延安窑洞[J]. 源流，2013（04）：54–55.

[34] 师立华，靳亦冰，王军. 地域文化视野下传统窑洞立面装饰艺术探究[J]. 建筑与文化，2016（06）：35–38.

[35] 周卓燕，周卓琳. 洛阳地区生土建筑发展趋势探讨[J]. 地下空间与工程学报，2006（01）：10–12.

[36] 段铁虎，李延宏. 窑洞绿色住宅小区设计——延安市东馨家园[J]. 建筑学报，2004（10）：34–35.

[37] 童丽萍，韩翠萍. 传统生土窑洞的土拱结构体系[J]. 施工技术，2008（06）：113–115.

[38] 王怡，赵群，何梅，杨柳，刘加平. 传统与新型窑居建筑的室内环境研究[J]. 西安建筑科技大学学报（自然科学版），2001（04）：309–312.

[39] 房琳栋，王军，靳亦冰，张睿. 青海河湟地区庄廓民居营造技艺传承与优化研究——以青海日月乡兔尔干村为例[J]. 建筑与文化，2016（12）：112–113.

[40] 林大岵，李雯雯. 砖石拱券在中国古代建筑中的发展与应用探析[J]. 河北建筑工程学院学报，2014（02）：1–3.